川香九重

甘智荣 主编

江苏凤凰科学技术出版社

图书在版编目（CIP）数据

川香九重 / 甘智荣主编 . -- 南京 : 江苏凤凰科学技术出版社 , 2018.7
ISBN 978-7-5537-8527-1

Ⅰ . ①川… Ⅱ . ①甘… Ⅲ . ①川菜 – 菜谱 Ⅳ . ① TS972.182.71

中国版本图书馆 CIP 数据核字 (2017) 第 185730 号

川香九重

主　　编　甘智荣
责任编辑　倪　敏
责任监制　曹叶平　方　晨

出版发行　江苏凤凰科学技术出版社
出版社地址　南京市湖南路 1 号 A 楼，邮编：210009
出版社网址　http://www.pspress.cn
印　　刷　北京旭丰源印刷技术有限公司

开　　本　718 mm × 1000 mm　1/16
印　　张　13
字　　数　177 000
版　　次　2018 年 7 月第 1 版
印　　次　2021 年 11月第 2 次印刷

标准书号　ISBN 978-7-5537-8527-1
定　　价　39.80 元

爱上川菜，做幸福的“吃货”

不知从什么时候开始，幸福和美食成了最亲密的朋友。“吃货”多数是幸福的，因为他们通常有一双善于发现的眼睛、一张擅长品味的嘴。他们会把自己的快乐放在微小的食物里，不论是早上的一杯豆浆，还是中午一份简单的外卖，抑或是晚上为自己做出的食物，都能带来幸福的感受。

民以食为天，“吃货”的世界更是少不了美食。在很多“吃货”面前，川菜具有绝对的诱惑力。重油、麻辣的川菜很容易让人上瘾，它们带来的愉悦绝对是其他菜系难以比拟的，每次都让人吃得酣畅淋漓，仿佛“飙汗”才是最高的境界。不论冬天还是夏天，“吃货”的世界都少不了川菜，在味蕾与嘴唇的极致享受之后，就会生出一种戒不掉的“爱恋”。

麻辣味道的川菜固然让爱麻尚辣的“吃货”们留恋不舍，清淡、滋补的川菜则并没有舍弃不吃辣的“吃货”。精心的选材，精细的加工，精准的调味，都给川菜增加了魅力，给人们带来由舌尖直抵内心的愉悦和温暖。

经典的、家常的、林林总总各种味型的川菜，在《川香九重》中都可以找到。书中精心选取 78 道美味川菜，用生动形象的语言给我们描绘了一个“吃货”眼中的川菜世界，有内涵，有故事，有情感。书中针对普通家庭，从原料到配料，从准备工序到具体操作，都有翔实的文字说明和配图，便于你直观地掌握各种美味川菜的做法。此外，书中除了告诉你做川菜的秘诀，还提供了丰富的食物相宜的知识和养生吃法，让你吃得更加健康。

川菜的世界很精彩，家常的食材，百变的做法，做出正宗地道的美食；“吃货”的世界很幸福，色味俱佳，麻辣鲜香，尝遍活色生香的川菜百味。

阅读导航

菜式名称

每一道菜式都有它的名字，我们将菜式名称放置在这里，以便于你在阅读时能一眼就看到它。

辅助信息

这里标记着这道菜的烹饪时间、口味、营养功效及适用人群。

美食简介

没有故事的菜是不完整的，我们将这道菜的所选食材、产地、历史、地理、饮食文化等留在这里，用最真实的文字和体验告诉你这道菜的魅力所在。

材料与调料

在这里你能查找到烹制这道菜所需的所有配料名称、用量以及它们最初的样子。

菜品实图

这里将如实地为你呈现一道菜烹制完成后的最终样子，菜的样式是否悦目，是否会勾起你的食欲，你的眼睛不会说谎。此外，你也可以通过对照图片来检验自己动手烹制的菜品是否符合规范和要求。

莴笋泡菜

1天　健胃消食
辣　老年人

四川人很会做泡菜，无论是白萝卜、胡萝卜，还是青翠生脆的莴笋，经过加工制作，都能成为家常泡菜。虽然每家使用的调料各有不同，但酸辣爽口的莴笋泡菜都是餐桌上被大家抢食的美味。冬去春来，在莴笋大量上市的季节，清爽脆口的莴笋泡菜，吃到的不仅是妈妈的味道，还带有春天的特别香气。

材料		调料	
莴笋	400克	盐	30克
葱	25克	白糖	2克
大蒜	50克	生抽	5毫升
红椒	20克	芝麻油	少许

48 川香九重

步骤演示

你将看到烹制整道菜的全程实图及具体操作每一步的文字要点，它将引导你将最初的食材烹制成美味的食物，完整无遗漏，文字讲解更实用、更简练。

食材处理

❶将洗净的莴笋切成块。

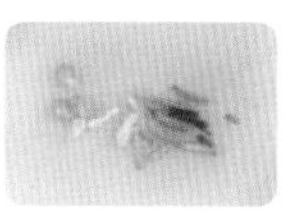

❷把洗好的葱切段；大蒜拍破。

❸红椒切斜圈。

做法演示

❶将莴笋放入碗中。

❷加盐，拌匀腌渍20分钟。

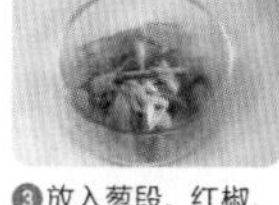

❸放入葱段、红椒、大蒜拌匀。

❹加白糖、生抽、芝麻油拌匀。

❺将莴笋倒入泡菜坛子中。

❻加入适量矿泉水。

❼加盖泡1天。

❽取出泡好的莴笋即可食用。

小贴士

- 莴笋浸泡的时间不宜过长，否则就不脆爽了。
- 莴笋怕咸，盐要少放才好吃。

养生常识

★ 莴笋与大蒜搭配，可以预防和辅助治疗高血压。

★ 莴笋所含的烟酸是胰岛素的激活剂，糖尿病患者经常吃些莴苣，可改善糖的代谢功能。

★ 莴笋中的莴笋生化物对视神经有刺激作用，可导致夜盲症或诱发其他眼疾，不宜多食。

第2章 素食小时代 49

食物相宜

防治高血压、糖尿病

莴笋

+

黑木耳

补虚强身、丰肌泽肤

莴笋

+

猪肉

食物相宜

结合实图为你列举这道菜中的某些食材与其他哪些食材搭配效果更好，以及它们搭配所具有的营养功效。

小贴士 & 养生常识

在烹制菜肴的过程中，一些烹饪上的技术要点能帮助你一次就上手，一气呵成零失败，细数烹饪实战小窍门，绝不留私。了解必要的饮食养生常识，也能让你的饮食生活更合理、更健康。

第1章
就爱川味儿

Contents | 目录

第2章
素食小时代

第3章
无肉不成菜

第 4 章
禽蛋的绝对诱惑

第 5 章
离不了的川味水产

附录

第1章

就爱川味儿

每个地方的人们对待食物的方式，都是一种文化，这种文化根植于我们的记忆中。川菜风味独特，是我国著名菜系之一。在川菜的世界里，辣椒、泡姜、芽菜、醪糟等丰富的调味料扮演着重要角色，将食物变化出各种令人陶醉不已的川味儿。不仅川人爱川味儿，川菜早已成为重要的家常菜品，是能在舌尖上品味出来的四川之美。

川菜的渊源

经典川菜亘古香

川菜的历史源远流长，起源于古代的巴国和蜀国，距今已有 2000 多年。随着历史的发展，川菜也变得越来越丰富。秦国建立后，相对稳定的政治局面使川菜进一步得到发展。

到了宋朝，川菜逐渐开始向外传播，一脚跨入了宋朝的国都（北宋的国都为东京，即今开封；南宋国都为临安，即今杭州）。

到了明清时期，辣椒开始传入中国，并很快促成了川味的第一次革新。四川人利用辣椒，对传统川菜“重滋味，喜辛香”的调味方式进行了大胆的尝试和创新，使川菜获得长足的发展。清乾隆年间，四川著名文人李调元就系统地搜集了川菜的 38 种烹调方法，如炒、滑、爆、煸、熘、炝、炸、煮、烫、糁、煎、蒙、贴、酿、卷、蒸、烧、焖、炖、摊、煨、烩、焯、烤、烘、粘、汆、糟、醉、冲等，以及凉菜的拌、卤、熏、腌、腊、冻、酱等。不论官府，还是民间，都有许多名菜。

清代同治年间，成都北门外万福桥边有家小饭店，面带麻粒的陈姓女店主用嫩豆腐、牛肉末、辣椒、花椒、豆瓣酱等烹制的佳肴麻辣、鲜香，十分受人欢迎，这就是著名的“麻婆豆腐”，后来饭店也改名为“陈麻婆豆腐店”。

清代以后，川菜逐步形成地方风味极其浓郁的菜系，具有取材广泛、调味多样、菜式适应性强的特征。由筵席菜、大众便餐菜、家常菜、三蒸九扣菜、风味小吃等五类菜肴组成完整的风味体系。其风味则是清、鲜、醇、浓并重，并以麻辣著称，在长江上游和滇、黔等地均有相当大的影响。现在，川菜的足迹已遍及全国，以至海外，享有“食在中国，味在四川”之美誉。

丰富川菜抓住你的“胃”

川菜的声誉与日俱增，川菜馆不仅兀立于全国各大城市，而且远涉重洋，名震异邦。其丰富的种类，能满足不同人群的需求，抓紧众多人的“胃”。系统地看，川菜系中有精美的筵席菜、实惠的三蒸九扣菜、丰富的大众便餐菜、独异的家常风味菜，以及多彩的民间小吃，在各地甚至国外都有广泛的适应性。

精美宴席菜

精美宴席菜烹制复杂，工艺精湛，原料一般采用山珍海味搭配时令鲜蔬，名菜有大蒜干贝、清蒸竹鸡、如意竹荪、樟茶鸭、辣子鸡丁等。宴席菜的特点是品种丰富，调味清新，色味并重，形态夺人，气派壮观。

三蒸九扣菜

这是最具乡土气息的四川农家筵席菜，一般就地取材，采用荤素搭配的方法，汤菜并重，加工精细，偏重肥美，比较实惠。从筵席的菜式看，大都以清蒸、烧烩为主，席间虽有泡菜鱼等带辣味菜品，但绝大多数都是“吃”咸鲜本味，如粉蒸肉、红烧肉、蒸猪肘、烧酥肉、咸烧白、扣鸭、扣鸡、扣肉等。

大众便餐菜

大众便餐菜中，麻辣味与其他口味的菜各占一半，主要特点是烹制快速、经济实惠、口味多变、适合各种层次的消费者需求。大众便餐菜中既有像宫保鸡丁、蒜泥白肉、水煮肉片、麻婆豆腐等麻辣风味十足的名菜，也有锅巴肉片、烧什锦、烩三鲜、口袋豆腐、香酥鸭等不带麻辣味的佳肴。

家常风味菜

这类川菜以居家常用的调料为主，取材方便、简单易行，是深受大众喜爱且食肆餐馆和家庭大都能烹制的菜肴。在四川、重庆等地，很多家庭都爱制泡椒或家酿豆瓣，用它来烹制菜肴，自然是多微辣，如豆瓣鱼、家常豆腐、鱼香肉丝、回锅肉、盐煎肉、肉末豌豆、过江豆花等。

民间小吃

四川的民间小吃品种繁多，异彩纷呈，特点是独特，如龙抄手、担担面、灯影牛肉、夫妻肺片、五香豆干等，都令众多食客为之倾倒。

川菜的常用食材

川菜的常见食材有很多，不胜枚举。下面仅列出几种，并说明在烹制川菜前应该注意的食材的一些作用和其他一些小细节，以便让我们吃到更正宗健康的川菜。

五花肉

五花肉又称肋条肉、三层肉，位于猪的腹部，猪腹部脂肪组织很多，其中又夹带着肌肉组织，肥瘦间隔，故称“五花肉”。这部分的瘦肉最嫩且最多汁。需要指出的是，五花肉要斜切，因为其肉质比较细、筋少，如横切，炒熟后会变得凌乱散碎，斜切可使其不易破碎，吃起来也不塞牙。五花肉营养丰富，有补肾养血、滋阴润燥的作用，还有滋肝、润肤作用。此外，五花肉含有丰富的优质蛋白质和必需的脂肪酸，并提供促进铁吸收的半胱氨酸，能改善缺铁性贫血的症状。

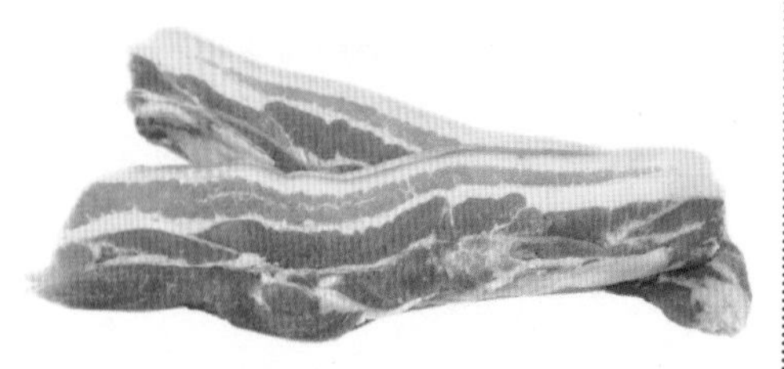

猪蹄

猪蹄，又叫猪脚、猪手，前蹄为猪手，后蹄为猪脚。它含有丰富的胶原蛋白质，脂肪含量也比肥肉低。近年来在对老年人衰老原因的研究中发现，人体中胶原蛋白质缺乏，是人衰老的一个重要因素。猪蹄能防治皮肤干瘪起皱，增强皮肤弹性和韧性，对延缓衰老具有特殊意义。为此，人们把猪蹄称为“美容食品”。猪蹄对于经常性的四肢疲乏、腿部抽筋、麻木、消化道出血等病症有一定的辅助疗效。

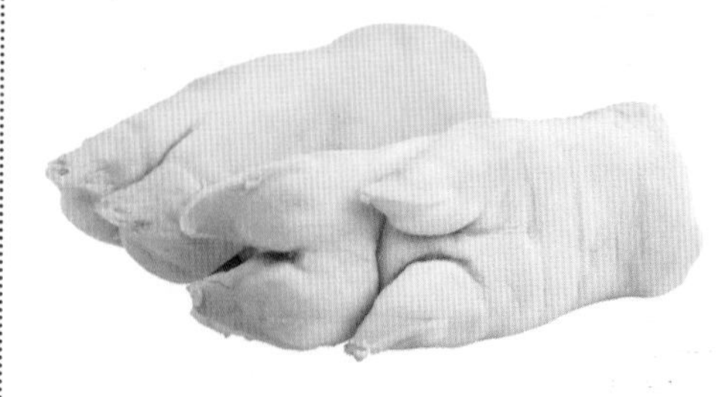

猪血

猪血，又称液体肉、血豆腐和血豆花等，味甘、苦，性温，有解毒清肠、补血美容的作用。猪血富含维生素 B_2、维生素 C、蛋白质、铁、磷、钙等营养成分。猪血中的血浆蛋白被人体内的胃酸分解后，产生一种解毒、清肠的分解物，能够与侵入人体内的粉尘、有害金属微粒发生化合反应，易于将毒素排出体外。长期接触有毒、有害粉尘的人，特别是每日驾驶车辆的司机，应多吃猪血。另外，猪血富含铁，对因贫血面色苍白者有改善作用，是排毒养颜的理想食物。

鳝鱼

鳝鱼肉嫩味鲜，营养价值甚高，尤其是富含 DHA 和卵磷脂，有补脑健身的作用。鳝鱼所含的特种物质“鳝鱼素”，有清热解毒、凉血止痛、祛风消肿、润肠止血的作用，能降低血糖和调节血糖，对糖尿病患者有较好的辅助食疗作用。

草鱼

草鱼俗称鲩鱼、草鲩、白鲩。草鱼含有丰富的硒元素，经常食用有抗衰老、养颜的作用，而且对肿瘤也有一定的防治作用。草鱼肉嫩而不腻，很适合身体瘦弱、食欲不振的人食用。

牛蛙

牛蛙有滋补解毒的作用，消化功能差或胃酸过多的人以及体质弱的人可以用来滋补身体。牛蛙可以促进人体气血旺盛，使人精力充沛，有滋阴壮阳、养心安神、补血补气的作用，有利于术后患者的滋补康复。

泡菜

泡菜含有丰富的维生素和钙、磷等营养物质，既能为人体提供充足的营养，又能预防动脉硬化等疾病。由于泡菜在腌渍过程中会产生亚硝酸盐，并且亚硝酸盐的含量与盐浓度、温度、腌渍时间等众多因素密切相关，因而泡菜不宜多食。

酸豆角

酸豆角，就是腌渍过的豆角。它含有丰富的优质蛋白质、碳水化合物及多种维生素、微量元素等，可补充机体所需的营养素。其中所含B族维生素能起到维持正常的消化腺分泌和胃肠道蠕动的作用，还可抑制胆碱酶活性，帮助消化，增进食欲。

川菜的烹调特色

川菜的特色一部分来自于川菜的不同烹调方法，也就是“一菜一格，烹法多样”；另外一部分来自于烹饪前的准备，也就是“以味见长，百菜百味”。下面，我们详细介绍川菜的烹调方法及其特色。

烹法多样

川菜烹调方法多达几十种，常见的有炒、熘、炸、爆、蒸、烧、煨、煮、煸、炖、焯、卷、煎、炝、烩、泡、卤、熏、拌、贴、酿、水煮等。其中，炒、煸、爆、煎、烧、水煮、泡等烹饪方法更具特色。

炒

在川菜烹制的诸多方法中，“炒”很有特点，它要求时间短，火候急，汁水少，口味鲜嫩。其具体方法是，炒菜不过油，不换锅，急火短炒，一锅成菜。

煸

“煸”是一种较短时间成热菜的方法，原料多加工成丝状，放入少量油锅中，中火加热不断翻炒，原料见油不见汁水时，加调味料和辅料继续煸炒，炒至原料干香滋润即可。

爆

“爆”是一种典型的急火短时间加热、迅速成菜的烹调方法，较突出的一点是勾芡，讲求芡汁要包住主料而油亮。

煎

“煎”一般是以温火将锅烧热后，倒入能布满锅底的油量，再放入加工成扁形的原料，继续用温火先煎好一面，再将原料翻过来煎另一面，放入调味料，而后翻几次即成。

烧

“烧”分为干烧法和家常烧法两种。

干烧之法，是用中火慢烧，使有浓厚味道的汤汁渗透于原料之中，自然成汁，醇浓厚味。

家常烧法，是先用中火热油，入汤烧沸去渣，放料，再用小火慢烧至成熟入味，勾芡而成。

水煮

“水煮”的特点是“麻、辣、鲜、香”，是指原料（肉片、鱼、蔬菜等）未经过油，以水煮熟而成，吃起来肉嫩菜鲜，汤红油亮，麻辣味浓，最宜下饭。水煮做好的关键是要单炒郫县豆瓣酱，且撒上的花椒、辣椒面不用炒，最后淋上去的热油一定要高温。

泡

“泡”是将原料泡渍发酵的一种烹调方法，属于对原料进行的“冷加工”。在泡的过程中，能最大限度地保留原料的有益成分。泡菜可直接做下饭菜，萝卜棵儿、芹菜条儿、白菜叶儿等大部分泡菜都属这种；还能做烹饪菜肴的辅料，如泡椒、泡姜、泡蒜。

烹调特点

选料认真

川菜要求对原料进行严格选择，做到量材使用，物尽其用，既要保证质量，又要注意节约。原料力求鲜活，并要讲究时令。除了菜肴原料选择，还要挑选调料，比如麻辣菜肴就很重视辣椒的选择，鱼香味的菜肴必须选择川味泡椒等。

刀工精细

刀工是川菜制作的一个很重要的环节。它要求制作者认真细致，讲究规格，根据菜肴烹调的需要，将原料切配成形，使之大小一致、长短相等、粗细一样、厚薄均匀。这不仅使菜肴便于调味和摆盘，而且能够避免成菜生熟不齐、老嫩不一。如水煮牛肉和干煸牛肉丝，它们的特点分别是细嫩和酥香化渣，如果所切肉丝肉片长短、粗细、厚薄不一致，烹制时就会火候难辨、生熟难分。

合理搭配

川菜烹饪，要求对原料进行合理搭配，以突出其风味特色。川菜原料分独用、配用，讲究浓淡、荤素适当搭配。味浓者宜独用，不搭配；淡者配淡，浓者配浓，或浓淡结合，但均不使夺味；荤素搭配得当，不能混淆。这就要求不仅要选好主要原料，还要搭配好辅料，做到材料滋味丰富多彩，原料配合主次分明，整体色调美观和谐，让菜肴既富有营养，又具有欣赏价值。

精心烹调

川菜的烹调方法很多，火候运用极为讲究。比如，炒、煸、爆、煎、烧、水煮、泡等常见做法就别具一格。每种菜肴采用何种方法进行烹制，必须依原料的性质和对不同菜式的工艺要求决定。在川菜烹饪带共性的操作要求方面，必须把握好投料先后、火候轻重、用量多少、时间长短、动作快慢；要注意观察和控制菜肴的色泽深浅、芡汁轻重、质量高低、数量多寡；掌握好成菜的口味浓淡，菜肴生熟、老嫩、干湿、软硬和酥脆程度，确保烹饪质量上乘。

川菜的常用调料

川菜的调味料在川菜菜肴的制作中起着至关重要的作用，也是制作麻辣、鱼香等味型菜肴必不可少的作料。川菜常用的调味料很多，可以根据不同菜的口味特点选用不同的调味料，让菜的口味更独特。

胡椒

胡椒辛辣中带有芳香，有特殊的辛辣刺激味和强烈的香气，有除腥解膻、解油腻、助消化、增添香味、防腐和抗氧化作用，能增进食欲，可解鱼虾蟹肉的毒素。

胡椒分黑胡椒和白胡椒两种。黑胡椒辣味较重，香中带辣，散寒、健胃功能更强，多用于烹制内脏、海鲜类菜肴。

花椒

花椒果皮含辛辣挥发油等，辣味主要来自山椒素。花椒有温中气、减少膻腥气、助暖作用，且能去毒。烹肉时宜多放花椒，牛肉、羊肉、狗肉菜肴中更应多放；清蒸鱼和干炸鱼，放点花椒可去腥味；腌榨菜、泡菜时，放点花椒可以提高风味；煮五香豆腐干、花生、蚕豆和黄豆等，用些花椒，味更鲜美。

花椒在咸鲜味菜肴中运用比较多，一是用于原料的先期码味、腌渍，有去腥、去异味的作用；二是在烹调中加入花椒，有避腥、除异、和味的作用。

干辣椒

干辣椒是用新鲜辣椒晾晒而成的，外表呈鲜红色或棕红色，有光泽，内有籽。干辣椒气味特殊，辛辣如灼。川菜调味使用干辣椒的原则是辣而不死，辣而不燥。成都及其附近所产的二荆条辣椒和威远的七星椒，皆属此类品种，为辣椒中的上品。干辣椒可切节使用，也可磨粉使用。干辣椒节主要用于糊辣口味的菜肴，如炝莲白、炝黄瓜等。使用辣椒粉的常用方法有两种，一是直接入菜，如宫保鸡丁就要用辣椒粉，起到增色的作用；二是制成红油辣椒，作红油、麻辣等口味的调味品，广泛用于冷热菜式，如红油笋片、红油皮扎丝、麻辣鸡、麻辣豆腐等菜肴的调味。

泡椒

在川菜调味中起重要作用的泡辣椒，它是用新鲜的红辣椒泡制而成的。由于泡椒在泡制过程中产生了乳酸，所以用于烹制菜肴，就会使菜肴具有独特的香气和味道。

川盐

川盐能定味、提鲜、解腻、去腥，是川菜烹调的必需品之一。盐有海盐、池盐、岩盐、井盐之分。川菜常用的盐是井盐，其氯化钠含量高达 99% 以上，味感纯正，无苦涩味，色白，结晶体小，疏松不结块。川盐以四川自贡所生产的井盐最佳。

冬菜

冬菜是四川的著名特产之一，主产于南充、资中等地。冬菜是用青菜的嫩尖部分，加上盐、香料等调味品装坛密封，经腌渍而成。冬菜以南充生产的顺庆冬尖和资中生产的细嫩冬尖为上品，有色黑发亮、细嫩清香、味道鲜美的特点。冬菜既是烹制川菜的重要辅料，也是重要的调味品。在菜肴中作辅料的有冬尖肉丝、冬菜肉末等，既作辅料又作调味品的有冬菜肉丝汤等菜肴，均为川菜中的佳品。

芥末

芥末即芥子研成的末。芥子干燥无味，研碎湿润后，散发出强烈的刺激气味，冷菜、荤素原料皆可使用。如芥末嫩肚丝、芥末鸭掌、芥末白菜等，均是夏、秋季节的佐酒佳肴。目前，川菜中也常用芥末的成品芥末酱、芥末膏，成品使用起来更方便。

陈皮

陈皮亦称“橘皮”，是用成熟了的橘子皮阴干或晒干制成。陈皮呈鲜橙红色、黄棕色或棕褐色，质脆，易折断，以皮薄而大、色红、香气浓郁者为佳。在川菜中，陈皮味型就是以陈皮为主要的调味品调制的，是川菜常用的味型之一。陈皮在冷菜中运用广泛，如陈皮兔丁、陈皮牛肉、陈皮鸡等。此外，由于陈皮和姜、八角、茴香、丁香、小茴香、桂皮、草果、老蔻、砂仁等原料一样，都有各自独特的芳香气，所以，它们是调制五香味型的调味品，多用于烹制动物性原料和豆制品原料的菜肴，如五香牛肉、五香鳝段、五香豆干等，四季皆宜，佐酒下饭均可。

豆豉

豆豉是以黄豆为主要原料，经选择、浸渍、蒸煮，用少量面粉拌和，并加米曲霉菌种酿制后，取出风干而成的，具有色泽黑褐、光滑油润、味鲜回甜、香气浓郁、颗粒完整、松散化渣的特点。烹调上以永川豆豉和潼川豆豉为上品。豆豉可以加油、肉蒸后直接佐餐，也可作豆豉鱼、盐煎肉、毛肚火锅等菜肴的调味品。目前，不少民间流传的川菜也需要豆豉调味。

豆瓣酱

川菜常用的是郫县豆瓣酱和金钩豆瓣两种豆瓣酱。郫县豆瓣以鲜辣椒、上等蚕豆、面粉和调味料酿制而成，以四川郫县豆瓣厂生产的为佳。这种豆瓣色泽红褐、油润光亮、味鲜辣、瓣粒酥脆，并有浓烈的酱香和清香味，是烹制家常口味、麻辣口味的主要调味品。烹制时，一般都要将其剁细使用，如豆瓣鱼、回锅肉、干煸鳝鱼等所用的郫县豆瓣，都是先剁细的。还有一种以蘸食为主的豆瓣，是以重庆酿造厂生产的金钩豆瓣酱为佳。它是以蚕豆为主，金钩（四川对干虾仁的称呼）、香油等为辅酿制的。这种豆瓣酱呈深棕褐色，光亮油润，味鲜回甜，咸淡适口，略带辣味，醇香浓郁。金钩豆瓣是清炖牛肉汤、清炖牛尾汤等的最佳蘸料。此外，烹制火锅也离不开豆瓣酱，调制酱料也要用豆瓣酱。

榨菜

榨菜在烹饪中可直接作咸菜上席，也可用作菜肴的辅料和调味品，能起到提味、增鲜的作用。榨菜以四川涪陵生产的涪陵榨菜最为有名。它是选用青菜头或者菱角菜（亦称羊角菜）的嫩茎部分，用盐、辣椒、酒等腌后，榨除汁液呈微干状态而成。以其色红质脆、块头均匀、味道鲜美、咸淡适口、香气浓郁的特点誉满全国，名扬海外。用它烹制菜肴，不仅营养丰富，而且还有爽口开胃、增进食欲的作用。榨菜在菜肴中，能同时充当辅料和调味品，如榨菜肉丝、榨菜肉丝汤等。以榨菜为原料的菜肴，皆有清鲜脆嫩、风味别具的特色。

川菜的三大伴侣

葱、姜、蒜，是做好川菜的“三大伴侣”。在烹调川菜过程中，合理运用葱、姜、蒜，不仅能调味，而且能杀菌，对人体健康大有裨益。

葱

四川人把葱当作调味蔬菜，众多菜肴中都会用到葱，不仅能令美食香上加香，还能增强视觉效果，是不可多得的佳品。

选购指南

葱属于绿色食品，在川菜中既可以用于调味，也可以作为辅料，甚至作为主料，因此葱自身的新鲜度对整个菜肴的色香味均有至关重要的作用。那么，如何区分葱的优劣呢?

优质葱：颜色青绿，富有光泽，没有枯叶、烂叶和黄叶；葱茎比较粗壮，且硬实、没有断折；葱白比较长，管状叶较短，根部没有腐烂的迹象等；闻起来有清香味和辛辣味。

劣质葱：葱茎较细小，粗细和高矮不均，葱白较短，葱叶有枯黄、焦烂迹象；葱心空而不充实，根部有明显腐烂、折断或损伤的痕迹；闻起来还有腐烂味，几乎没有辛辣味。

食用指南

因葱具有一定的除腥作用，经常与猪肉或羊肉、鱼肉等食物一同烹饪，以达到去腥和调味的作用。但是葱不可以乱用，一旦错用就会对身体造成一定的伤害。具体的注意事项如下：

- 胃肠道疾病患者，特别是溃疡病患者不宜多食。
- 葱的切法可以不同。如炖汤大多用葱段，而汤面多用葱末，但均不宜长时间煎炸或热煮。
- 葱含有一定的烯丙基硫醚，具有挥发性，因此不适宜在水里长时间浸泡，以免营养成分流失。
- 葱花一般在熄火后加入菜肴中，其香味会更浓，口感也会更好，同时还能最大限度地发挥烯丙基硫醚的作用。

姜

姜在烹制川菜时比较常用，尤其是鱼类菜品中更必不可少，如水煮鱼、酸菜鱼等都会用到这一重要的原料，以调味、提鲜、去腥等。那么，姜该如何选购、如何贮存，如何加以科学使用呢？下面将为您一一揭晓。

选购姜时不可贪“色”

购买姜时，一定要仔细辨别姜的颜色，凡是外面微黄、白嫩且表皮已经脱落的姜，大多是被硫黄熏烤过的，含有铅、硫、砷等有毒物质，一旦食用就会对人的呼吸道系统产生极大的危害，严重时甚至会对肝脏和肾脏造成一定的伤害。

食用姜时应有道

姜在川菜烹制过程中，有一个总的原则：煮菜热油时放点姜丝，炖肉、煎鱼时加姜片；做水饺、抄手时加点姜末……不仅如此，姜在食用上还有一些禁忌。

第一，吃姜一次不宜过多，以免吸收大量姜辣素。姜辣素在排泄过程中会刺激肾脏，使人上火，产生口干、咽痛、便秘等症状。

第二，不要吃烂了的姜，因为夏季天气炎热，人们容易出现口干、烦渴、咽痛、汗多等症状，姜性温味辛，属热性食物，在做菜或做汤的时候放几片即可。腐烂的姜会产生一种毒性很强的物质叫黄樟素，即使食用得很少，也会很快进入肝脏，引起肝细胞中毒、变性、坏死，不仅对肝功能造成一定损害，还会诱发肝癌、食管癌等。

大蒜

大蒜又叫胡蒜，味道辛辣，有强烈的刺激性气味，是川菜烹饪中不可缺少的调味品之一，多用于川菜凉拌制作中，被人们誉为“天然抗生素”。

优质大蒜巧挑选

大蒜的优劣品质直接关系到菜肴成品的质量，优质大蒜的主要特征为：蒜秸枯黄，蒜皮紫红色或白色，清洁而有光泽，蒜根灰黄色，带土少，蒜头不裂瓣。而蒜秸、蒜皮、蒜根呈灰黑色或灰黄色，有黑色霉点，蒜根带土多则可能为捂过的大蒜。

从外形上看：优质大蒜一般蒜皮呈白色，蒜瓣饱满而硬实，有沉甸甸的重量；蒜朵呈圆形，根基部略微凹陷；蒜瓣大小均匀，水分足。

从触感上看：优质大蒜摸上去硬实，而不是软绵绵的，用手捏似乎有蒜汁溢出，则为新鲜的好蒜。

食用大蒜有禁忌

吃完大蒜以后最好不要立即喝热汤或热茶，哪怕是热开水也不能喝，否则易损伤肠胃功能。

大蒜比较辛辣，吃多了容易伤耗体内的气血，引起气血不足，甚至影响视力。因此，大蒜不宜多吃，每日不宜超过 100 克，以免适得其反，引发身体诸多不适。

中医认为，凡阴虚火旺者应忌食大蒜，因为大蒜直接刺激胃部，且所含的蒜素具有很强的脂溶性，容易引起溶血症，导致贫血。

川菜的经典口味

川菜自古讲究“五味调和”“以味为本”。川菜的味型之多居各大菜系之首。下面向大家介绍几种常见的川菜味型。

红油味

红油味为川菜冷菜复合调味之一。以川盐、红油（辣椒油）、白酱油、白糖、味精、香油、红酱油为原料。制法：先将川盐、白酱油、红酱油、白糖、味精和匀，待溶化，兑入红油、香油即成。

怪味

怪味又名“异味”，因诸味兼有、制法考究而得名。以川盐、酱油、味精、芝麻酱、白糖、醋、香油、红油、花椒末、熟芝麻为原料。制法：先将盐、白糖在红白酱油内溶化，再与味精、香油、花椒末、芝麻酱、红油、熟芝麻充分调匀即成。

椒盐味

椒盐味主要原料为花椒、食盐。制法：先将食盐炒熟，研细末，花椒焙熟研细末，以一成盐、二成花椒配比而成。适用于软炸和酥炸类菜肴。

鱼香味

鱼香味为川菜的特殊风味。原料为川盐、泡鱼辣椒或泡红辣椒、姜、葱、蒜、白酱油、白糖、醋、味精。配合时，盐与原料码芡上味，使原料有一定的咸味基础；白酱油和味精提鲜，泡鱼辣椒带鲜辣味，突出鱼香味；姜、葱、蒜增香、压异味，用量以成菜后香味突出为准。

麻辣味

麻辣味为川菜的基本调味之一。主要原料为川盐、白酱油、红油（或辣椒末）、花椒末、味精、白糖、香油、豆豉等。烹调热菜时，先将豆豉入锅，撒上花椒末即成。此味适用于麻婆豆腐等菜肴。

五香味

五香味型的“五香”通常有姜、八角、丁香、小茴香、甘草、沙姜、老蔻、肉桂、草果、花椒，这种味型的特点是浓香咸鲜，冷、热菜式都能广泛使用。调制方法是将上述香料加盐、料酒、老姜、葱及水制成卤水，再用卤水来卤制菜肴。

煳辣味

煳辣味的调制方法：热锅下油烧热，放入干红辣椒、花椒爆香，调入川盐、酱油、醋、白糖、姜、葱、蒜、味精、料酒，用大火调匀即成。干辣椒火候不到或火候过头都会影响煳辣香味的产生，因此要特别留心。

蒜泥味

蒜泥味为冷菜复合调味之一。以食盐、蒜泥、红酱油、白酱油、白糖、红油、味精、香油为原料，重用蒜泥，突出辣香味，使蒜香味浓郁，鲜、咸、香、辣、甜五味调和，清爽宜人，适合春夏拌凉菜用。

芥末味

芥末味是拌冷菜复合调味之一。以食盐、白酱油、芥末糊、香油、味精、醋为原料。先将其他调料拌入，兑入芥末糊，最后淋以香油即成。此味咸、鲜、酸、香、冲兼而有之，爽口解腻，颇有风味，适合调下酒菜。

酸辣味

酸辣味以川盐、醋、胡椒粉、味精、料酒等调制而成。调制酸辣味时，须掌握以咸味为基础、酸味为主体、辣味助风味的原则。在制作冷菜的酸辣味的过程中，应注意不放胡椒，而用红油或豆瓣。

椒麻味

椒麻味为川菜冷菜复合调味之一。以川盐、花椒、白酱油、葱花、白糖、味精、香油为原料。先将花椒研为细末，葱花剁碎，再与其他调味品调匀即成。此味重用花椒，突出椒麻味，并用香油辅助，使之麻辣清香，风味幽雅，适合四季拌凉菜用。

麻酱味

麻酱味为冷拌菜肴复合调味之一。主要原料为盐、白酱油、白糖、芝麻酱、味精、香油等。此味主要突出芝麻酱的香味。故盐与酱油用量要适当，味精用量宜大，以提高鲜味。特点风格是咸鲜可口，香味自然。主要用于四季拌佐酒冷菜。

经典川菜离不开巧刀工

刀工，是按食用和烹调需要使用不同刀具，运用不同的刀法，将烹饪原料切割成不同形状的操作。

常见刀具

片刀，刀体轻薄，刀刃锋利，使用灵活方便，主要用于各种无骨肉类的切片，也可以用来切肉类原料和嫩脆的蔬菜，如切丝、丁、片、条等。这种刀具不能切带骨的或坚硬的原料，否则易损伤刀口。

切刀，整刀呈长方形，长约 26 厘米，宽约 12 厘米，主要特点是刀背较厚，刀口较薄，刀刃锋利，可用于切丝、丁、块、条、末或略带碎骨和质地比较坚韧的原料。与片刀相比，其切片效果不好。

砍刀，多数为长方形，也有圆弧形的，比切刀重。其主要特点是刀身宽厚，刀刃不够锋利，适合砍切带骨肉类和质地坚硬的其他原料。

常见刀法

直切

操作方法：垂直下刀，不向外推，也不向里拉，一刀一刀笔直地切下。

适合原料：脆嫩的植物性原料。

操作要求：持刀稳，手腕灵活，运用腕力。

注意事项：先稳，再快，原料不可摆得太高。

推切

操作方法：刀的前段进料，向前推进，刀的中部或后部切断原料。

适合原料：细嫩、有韧性的原料。

操作要求：小臂和手腕共同用力，一切到底。

注意事项：进刀时要轻柔，下切时要刚劲有力，断料利落。

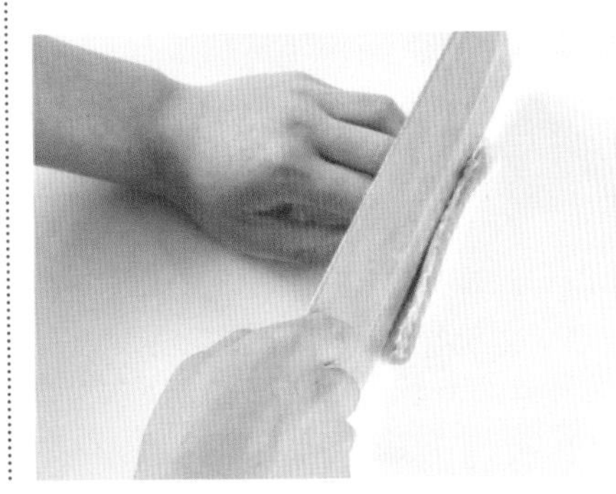

锯切

操作方法：运刀方向为来回推拉。

适合原料：较厚而带有韧性的原料，或质地松软的原料。

操作要求：落刀要慢，用力轻缓地拉锯切下。

注意事项：刀身垂直，来回推拉，下刀时不宜过快。

平刀片法

操作方法：片刀刀身几乎与菜板平行，刀刃由原料的一侧片到另一侧，没有前后移动。

适合原料：细嫩且有一定厚度的原料。

操作要求：刀身放平，稍离菜墩表面，刀的喉部略微提高，一刀片到底。

注意事项：根据原料的厚薄形状，决定原料从底部或上部起片。

剁

操作方法：握稳刀具，垂直向下运刀将原料切开或剁碎。

适合原料：用于制馅和肉丸子等。

操作要求：运用腕部和小臂力量，用力大小要适中。

注意事项：用力不能太大，防止碎末飞溅。

推拉片法

操作方法：片刀与原料平行或基本平行切入，运刀过程中有前后来回推拉。

适合原料：体积大、韧性强、筋多或者脆硬的原料。

操作要求：持刀要稳，刀要端平。

注意事项：进刀靠左手指尖与刀刃接触感觉来决定片出原料的厚薄。

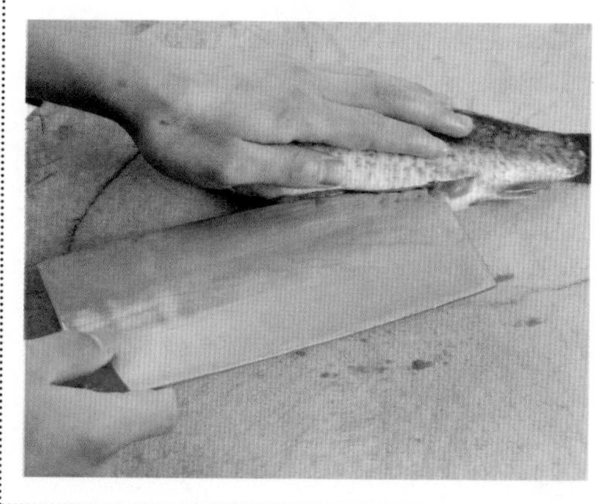

正斜刀法

操作方法：刀身倾斜，刀背向外，刀刃向内，刀与菜板表面呈较小锐角，切时刀向左下方运动。

适合原料：韧性无骨、体型较小的原料。

操作要求：左手按稳原料，右手持刀，倾斜刀身向左下方切。

注意事项：双手配合，根据目测观察及控制刀的斜度来掌握片的薄厚和大小。

反斜刀法

操作方法：刀身略斜，刀背向内，刀刃向外，呈一定斜度落刀，片进原料后，由内向外运动。

适合原料：片体薄、韧性强的原料。

操作要求：每次落刀后，左手即向后移动，保持刀距相等，使片出的原料形状、薄厚一致。

注意事项：按原料的手指不能弯曲或弓得太高，以免影响刀的倾斜角度。

刀工操作姿势

站立姿势

操作时，两脚分开，自然站稳，腹部与菜板保持一定的距离，前胸稍挺，不能弯腰弓背，双目注视菜板上双手操作及刀刃切割的部位。

握刀方法

一般为右手持刀，握刀力量适中，以右手拇指与食指捏住刀身两面，全手掌和余下三根手指握住刀柄。开始操作后，持刀一定要稳，不能左右摇晃，主要用腕部力量，保持灵活而有力的节奏。

按料手法

左手按料，要求左手五手指分开按稳原料，指尖向后收缩，靠指尖第一个关节向前凸出，切时，刀身紧贴凸出的关节，左手手指呈螃蟹爬状向后移动。

第2章

素食小时代

在川菜中，素食像是一种很活泼的艺术，无论是从颜色上、材料上、口味上、形状上还是做法上都是极其讲究的。上桌伊始，就能充分满足每个人对色香味的追求，从而使之生出食欲。从另一层面上看，这些素食能带人从大鱼大肉的腥腻之中解脱出来，获得全身心的清爽素净。就这样，素食的小时代里，生活也变得简单、洁净。

千张拌黄瓜

5分钟　健脾开胃
清淡　一般人群

浓郁的豆香，诱人的色泽，柔韧的口感，精细的制作，千张成为别具一格的风味食物。简单清洗后，切成均匀的细丝，配上以清爽闻名的黄瓜丝、鲜嫩营养的胡萝卜丝，再加上特有川味辣椒油的浸润，让这道小菜口感软弹有嚼劲，爽口下饭，是不可或缺的川味素食。在色泽上，乳白与碧绿相映成趣，给人一种宁静致远的优雅美感。

材料

黄瓜	150克
千张	100克
胡萝卜丝	20克
蒜末	5克
葱花	5克

调料

盐	3克
味精	1克
鸡精	1克
花椒油	适量
辣椒油	适量
芝麻油	适量
食用油	适量

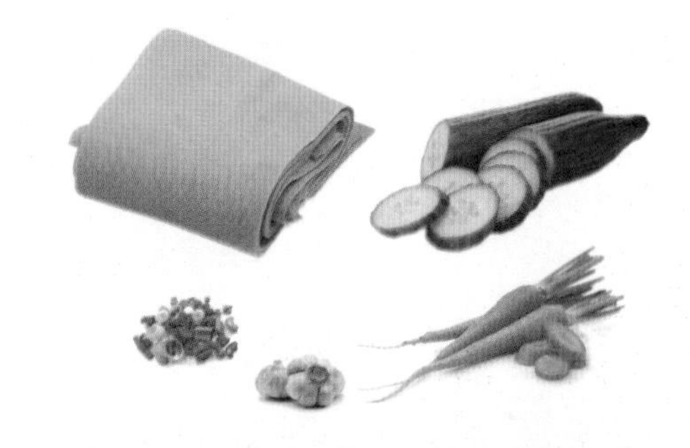

食材处理

❶ 将洗净的黄瓜切片，再改切成丝。

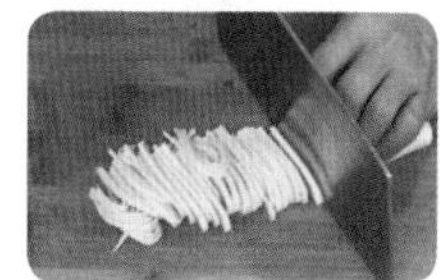

❷ 洗好的干张也切成丝。

做法演示

❶ 锅中倒入适量清水，倒入少许食用油拌匀，烧开。

❷ 倒入胡萝卜丝。

❸ 加入已切好的干张。

❹ 焯煮约 2 分钟至熟，捞出。

❺ 倒入装有凉开水的碗中，过凉。

❻ 将胡萝卜丝和干张装入另一个碗中。

❼ 倒入黄瓜丝。

❽ 倒入蒜末。

❾ 加入盐、味精、鸡精。

❿ 淋入花椒油、辣椒油、芝麻油，充分拌匀。

⓫ 放入葱花拌匀。

⓬ 装入盘中即成。

食物相宜

补钙

干张

鱼

缓解便秘

干张

韭菜

麻辣香干

2分钟　开胃消食
辣　儿童

最普通的食材往往让我们感到十分熟悉和亲切。香干这种常见的豆腐制品，做法多多，鲜香爽口。用川地特有红椒加以调味，既有酥麻爽口的辣，又有浓郁的豆香，成菜色泽金红，干香麻辣，是一味色香味俱全的素食，让人回味无穷，是下饭的绝配之菜。这道菜虽然做法简单，但要做得出色还是要下一番功夫的！

材料

香干	300克
红椒	15克
葱花	5克

调料

盐	4克
鸡精	1克
生抽	3毫升
食用油	适量
辣椒油	适量
花椒油	适量

食材处理

❶ 将洗净的香干切 1 厘米厚片，再切成条。

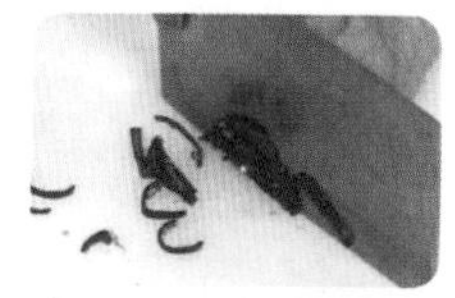

❷ 洗净的红椒切开，去籽，切成丝。

❸ 锅中加清水烧开。

❹ 加少许食用油、盐、鸡精。

❺ 倒入香干，煮约 2 分钟至熟。

做法演示

❶ 将煮好的香干捞出来。

❷ 将捞出的香干装入碗中。

❸ 加入已切好的红椒丝。

❹ 加入适量盐、鸡精。

❺ 再倒入辣椒油。

❻ 淋入适量花椒油。

❼ 加入少许生抽。

❽ 撒上准备好的葱花，用筷子拌匀。

❾ 将拌好的香干盛出装盘即可。

小贴士

- 优质香干呈乳白或淡黄色，稍有光泽；形状整齐，有弹性，细嫩，挤压后无液体渗出；气味清香；滋味纯正，咸淡适中。
- 劣质香干外观粗糙，无弹性，表面发黏，散发馊味、腐臭味；味苦、涩、酸等。

食物相宜

壮阳

香干

＋

韭菜

治心血管疾病

香干

＋

韭黄

辣味茭白

2分钟 开胃消食
辣 一般人群

茭白是菰的根上嫩茎，所以又叫菰瓜、菰笋。带皮的茭白青绿修长，如娴静的小女子一般；去皮后，其肉质洁白如玉，给人清爽之感。茭白在国内久负盛名，西晋时，菰菜与莼羹、鲈脍号称“吴中三大名菜”。如今，茭白早已成为家常菜品，将茭白丝在沸水中一焯，再用辣椒油、芝麻油清拌，便成为一道川味小菜，吃起来鲜嫩爽口，咸辣适中，是夏日佐餐佳品。

材料

茭白	200克
蒜末	5克
葱花	5克

调料

盐	3克
鸡精	2克
辣椒油	适量
辣椒酱	适量
味精	1克
芝麻油	适量

食材处理

❶将去皮洗净的茭白切片，再切成丝。

❷锅中加 1000 毫升清水。

❸用大火烧开后加入盐、鸡精。

❹倒入切好的茭白。

❺煮约 1 分钟至熟，捞出。

做法演示

❶把焯熟的茭白盛入碗中。

❷加入已准备好的蒜末。

❸倒入辣椒油、辣椒酱。

❹加盐、鸡精、味精，拌匀。

❺加入葱花、芝麻油。

❻用筷子拌匀，盛出装盘即可。

小贴士

- 茭白能通乳汁，对产后乳少有一定的辅助疗效。
- 茭白含水量较小，可以将其置于阴凉处保存 1 周左右。

养生常识

★ 茭白性寒，脾寒虚冷、精滑便泻者少食为宜。

★ 茭白所含粗纤维能促进肠道蠕动，可预防便秘及肠道疾病。

食物相宜

美容养颜

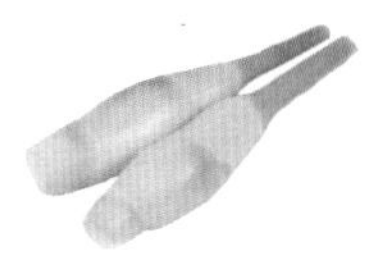
茭白

+

鸡蛋

催乳

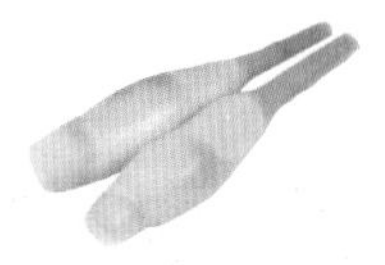
茭白

+

猪蹄

补虚健体

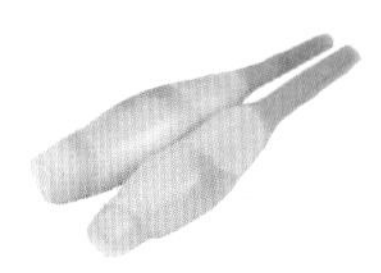
茭白

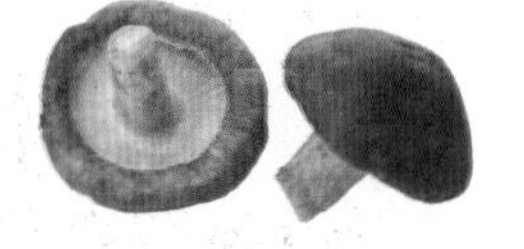
香菇

香菜拌冬笋

2分钟　开胃消食
咸香　一般人群

冬笋质地幼嫩，因此成为冬季的川味美食之一。冬笋可切成末、丝、条、丁、块，适宜蒸、煮、炖、焖、炒、炸、烧。让人印象最深的是它纯粹的鲜，以及百搭的品性。它本身只有鲜味，搭配不同的原料便产生出千变万化的“鲜”。当味道鲜纯的冬笋，遇到气味浓郁的香菜和脆嫩的胡萝卜，简单一拌就让笋鲜香满溢。

材料

冬笋	100克
香菜	50克
胡萝卜丝	20克
蒜末	5克

调料

盐	3克
味精	1克
生抽	3毫升
芝麻油	适量
辣椒油	适量

食材处理

❶ 将洗净的香菜切成段。

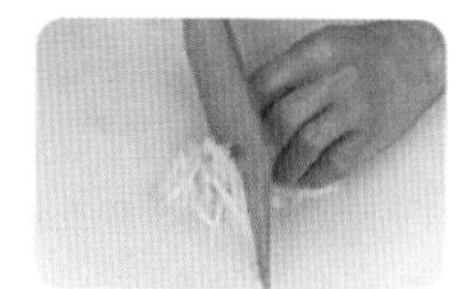

❷ 将去皮、洗净的冬笋切成丝。

做法演示

❶ 沸水锅中加盐后，倒入胡萝卜丝、冬笋丝煮 1 分钟至熟。

❷ 捞出沥干后，全部装入碗中。

❸ 倒入切好的香菜。

❹ 加盐、味精、生抽。

❺ 倒入芝麻油、辣椒油。

❻ 用筷子拌至入味。

❼ 盛入盘中。

❽ 撒上蒜末。

❾ 装好盘即可食用。

小贴士

- 宜选购体形圆直、表皮光滑、色泽橙红、无须根的胡萝卜。
- 胡萝卜用保鲜膜封好，置于冰箱中可保存 2 周左右。

食物相宜

预防感冒

香菜

黄豆

健胃，祛风寒

香菜

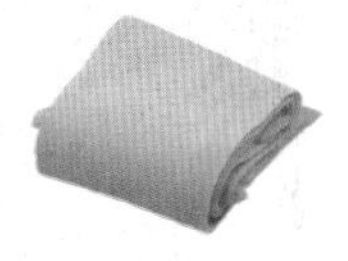

千张

增强免疫力

香菜

猪肠

莴笋鱼腥草

2分钟　　瘦身排毒
辣　　一般人群

莴笋的味道清新且略苦，简单的做法就能享受其新鲜滋味。在莴笋大量上市的季节，取新鲜莴笋两根，简单清洗，切成细丝，在清水中煮熟，配上清热解毒的鱼腥草、热辣的红椒拌匀，即成极佳的佐饭菜肴。莴笋脆脆的口感、绿绿的色泽，再加上适口的味道，口口都给人清新好滋味。

材料

莴笋	150克
鱼腥草	100克
红椒	15克
蒜末	20克

调料

盐	3克
食用油	适量
味精	1克
白糖	2克
辣椒油	适量
花椒油	适量
芝麻油	适量

食材处理

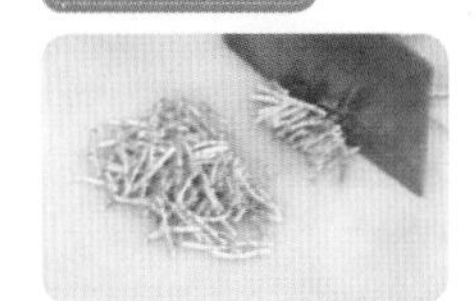

❶将洗好的鱼腥草切成段。

❷将已去皮洗好的莴笋切丝。

❸将红椒洗净切丝。

❹锅中注水烧开，加适量盐、食用油煮沸，倒入莴笋丝。

❺煮熟捞出。

❻倒入鱼腥草，煮熟捞出。

做法演示

❶取一大碗，倒入鱼腥草、莴笋丝、蒜末、红椒丝。

❷加盐、味精、白糖。

❸加入辣椒油。

❹加入花椒油。

❺加入芝麻油拌匀。

❻装入盘中即成。

小贴士

- 挑选时，以叶绿、根茎粗壮的新鲜莴笋为佳。
- 莴笋建议现买现食，在冷藏条件下保存不宜超过 1 周。
- 烹饪莴笋的时候要少放盐，否则会影响口感。

养生常识

★ 莴笋能改善消化功能，有助于抵御风湿性疾病导致的痛风。

★ 莴笋具有利尿、降低血压、预防心律失常的作用，对高血压、心脏病等患者有益。

食物相宜

防治高血压、糖尿病

莴笋

+

黑木耳

补虚强身、丰肌泽肤

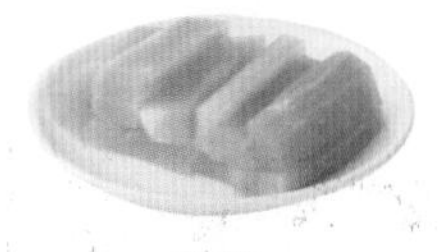

莴笋

+

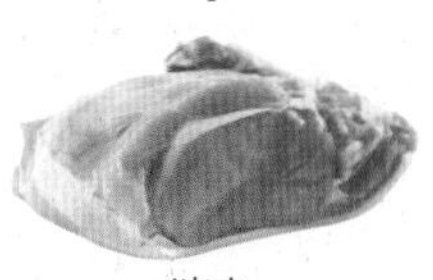

猪肉

凉拌鱼腥草

2分钟　　清热解毒
辣　　一般人群

鱼腥草略带鱼腥味，却丝毫不影响人们对它的喜爱。从传说中的越王勾践发现鱼腥草助越国抵御饥荒，到现在人们津津乐道的精品菜肴，鱼腥草以其独特的魅力征服了无数人的味蕾。凉拌，这种并不需要花太多心思的做法，非常适合鱼腥草。川蜀一带的人们最爱用新鲜的鱼腥草根凉拌，绝对很开胃。

材料

鱼腥草	150克
蒜末	5克
红椒丝	20克
青椒丝	20克
香菜叶	5克

调料

调料	用量
盐	2克
味精	1克
辣椒油	适量
花椒油	适量
芝麻油	适量
食用油	适量

食材处理

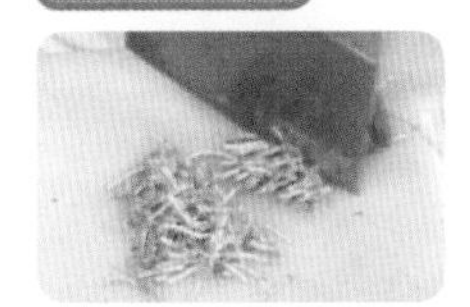

❶将洗好的鱼腥草切成段。

❷锅中加清水烧开，放入盐、食用油拌匀。

❸倒入鱼腥草。

❹煮沸后将鱼腥草捞出。

❺装入碗中备用。

做法演示

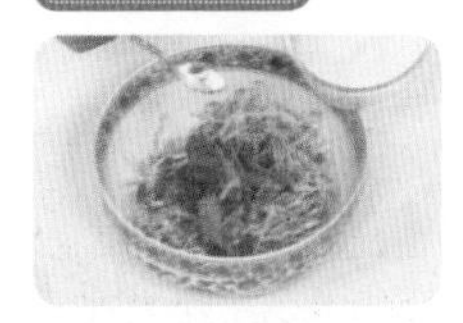

❶鱼腥草中加入盐、味精、蒜末、青椒丝、红椒丝、洗好的香菜叶。

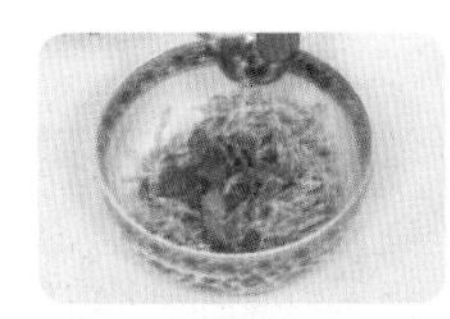

❷加入辣椒油、花椒油、芝麻油搅拌均匀。

❸装入盘内即成。

小贴士

- 食用鱼腥草只能吃白根和叶，食用时必须用冷水泡，消除异味。
- 鱼腥草鲜品不宜保存。晒干后可入药，置阴凉干燥处可保存较长时间。
- 选购鱼腥草时，以新鲜、搓碎有鱼腥气者为佳。
- 食用的鱼腥草讲究新鲜，烹饪时最好用大火炒熟或凉拌。

养生常识

★ 流行性感冒患者、身体虚弱、营养不良、大便干结、习惯性便秘的人都适合食用。

★ 虚寒性体质及疔疮肿疡属阴寒，无红肿热痛者不宜食用。

★ 生吃鱼腥草，可以辅助治疗各种细菌、病毒感染等疾病。

★ 老人和体弱的人，可以用鱼腥草炖鸡食用。放点香油，对于缓解夏季心神烦躁很有帮助。

★ 鱼腥草有解毒、清热等作用，外用可辅助治疗湿疹、痔疮等症。

食物相宜

清热补虚

鱼腥草

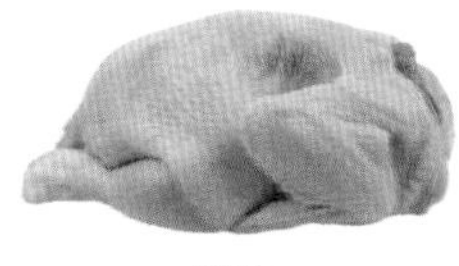

母鸡

滋阴润肺

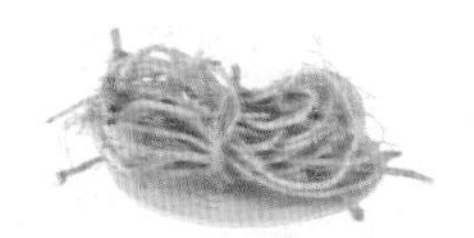

鱼腥草

猪肺

清热解毒

鱼腥草

+

金银花

白萝卜泡菜

1天　开胃消食
辣　男性

白萝卜是最常见的冬令菜，充满水分的雪白身子让它人见人爱。白萝卜泡菜是川菜中最常见的一种。将白萝卜切小块，放入坛中，加上辣椒油、红辣椒、辣椒粉等，调味调色，腌渍几天。辣椒的滋味全部融合到白萝卜上，吃上一口，酸辣爽口，爽脆又有嚼劲，让人对这小小一坛泡菜的敬意油然而生。

材料

白萝卜	500 克
红辣椒	20 克
姜片	5 克
蒜末	5 克
辣椒粉	适量

调料

盐	30 克
白糖	10 克
辣椒油	适量

食材处理

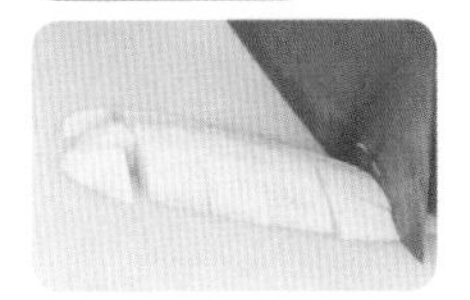

❶ 将洗净的白萝卜去皮、切块。

❷ 将洗好的红辣椒拍破。

做法演示

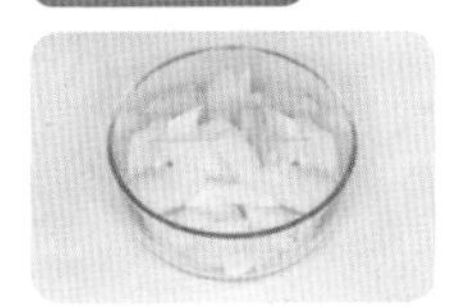

❶ 白萝卜装入碗内。

❷ 加盐、白糖拌匀。

❸ 放入辣椒粉、姜片、蒜末、红辣椒拌匀。

❹ 加辣椒油搅拌。

❺ 加少许凉开水。

❻ 将白萝卜倒入玻璃罐中。

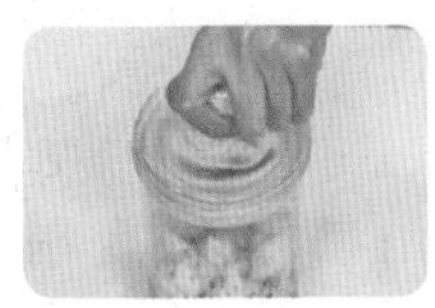

❼ 加盖，腌渍 24 个小时。

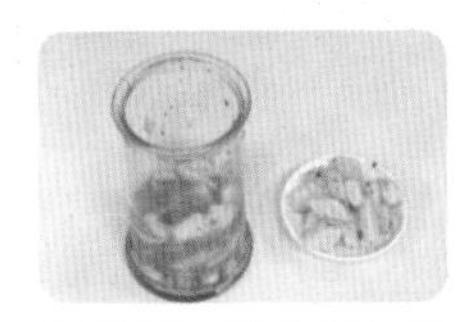

❽ 将腌好的白萝卜取出即可。

小贴士

- 选购白萝卜时，以皮细嫩光滑，比重大，用手指轻弹，声音沉重、结实的为佳。
- 白萝卜在常温下保存时间较其他蔬菜要长。

食物相宜

清肺热，可治咳嗽

白萝卜

+

紫菜

消食，除胀，通便

白萝卜

+

猪肉

补气养血

白萝卜

+

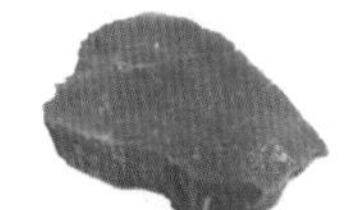

牛肉

胡萝卜泡菜

2天　开胃消食
辣　男性

胡萝卜头大脚小、身材姣好、肤色靓丽、营养高，食用后可补充维生素、益肝明目、增强机体免疫力，素有“小人参”的美称。这样的素食珍宝，食用方法多种多样。四川人偏爱腌渍泡菜，将胡萝卜和辣椒放入坛中，密封 2 天，就成了一道风味菜品。胡萝卜的芳香甘甜融合了辣椒的火辣刺激，吃起来质脆味美、酸辣爽口。

材料

胡萝卜　250 克
干辣椒　适量

调料

盐　25 克
白糖　5 克
白醋　50 毫升
料酒　5 毫升

做法演示

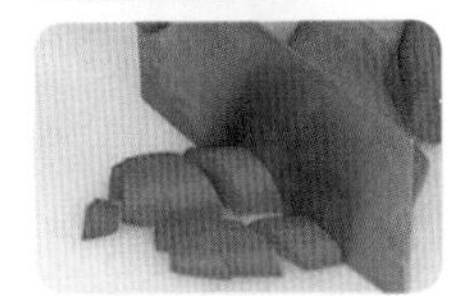

❶ 将洗好的胡萝卜切成块。

❷ 胡萝卜加盐和少许凉开水拌匀，腌渍 4 ~ 5 小时。

❸ 温开水中加入干辣椒、白醋、盐、白糖拌匀。

❹ 再加入少许料酒拌匀，调成醋水。

❺ 将醋水放入泡菜容器中。

❻ 将胡萝卜放入泡菜容器中。

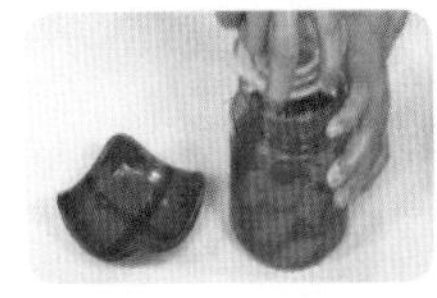

❼ 加盖，腌渍 2 天。

❽ 取出腌好的胡萝卜即可。

小贴士

✪ 选购胡萝卜，以体形圆直、表皮光滑、色泽橙红、无须根者为佳。

✪ 胡萝卜用保鲜膜封好，置于冰箱中可保存 2 周左右。

食物相宜

开胃消食

胡萝卜

+

香菜

预防中风

胡萝卜

+

菠菜

莴笋泡菜

1天　健胃消食
辣　老年人

四川人很会做泡菜，无论是白萝卜、胡萝卜，还是青翠生脆的莴笋，经过加工制作，都能成为家常泡菜。虽然每家使用的调料各有不同，但酸辣爽口的莴笋泡菜都是餐桌上被大家抢食的美味。冬去春来，在莴笋大量上市的季节，清爽脆口的莴笋泡菜，吃到的不仅是妈妈的味道，还带有春天的特别香气。

材料		调料	
莴笋	400克	盐	30克
葱	25克	白糖	2克
大蒜	50克	生抽	5毫升
红椒	20克	芝麻油	少许

食材处理

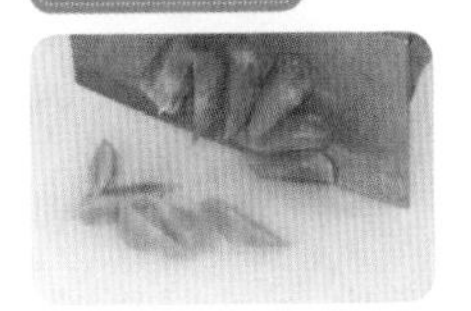

❶ 将洗净的莴笋切成块。

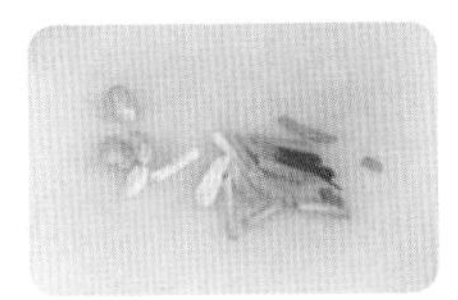

❷ 把洗好的葱切段；大蒜拍破。

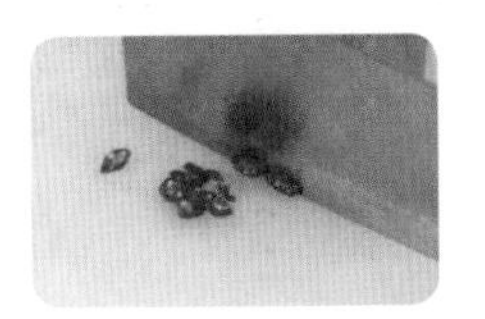

❸ 红椒切斜圈。

做法演示

❶ 将莴笋放入碗中。

❷ 加盐，拌匀腌渍20分钟。

❸ 放入葱段、红椒、大蒜拌匀。

❹ 加白糖、生抽、芝麻油拌匀。

❺ 将莴笋倒入泡菜坛子中。

❻ 加入适量矿泉水。

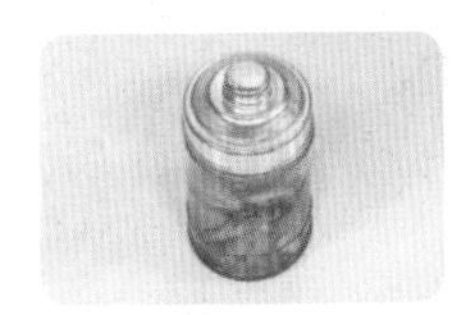

❼ 加盖泡1天。

❽ 取出泡好的莴笋即可食用。

小贴士

- 莴笋浸泡的时间不宜过长，否则就不脆爽了。
- 莴笋怕咸，盐要少放才好吃。

养生常识

★ 莴笋与大蒜搭配，可以预防和辅助治疗高血压。

★ 莴笋所含的烟酸是胰岛素的激活剂，糖尿病患者经常吃些莴苣，可改善糖的代谢功能。

★ 莴笋中的莴笋生化物对视神经有刺激作用，可导致夜盲症或诱发其他眼疾，不宜多食。

食物相宜

防治高血压、糖尿病

莴笋

+

黑木耳

补虚强身、丰肌泽肤

莴笋

+

猪肉

绝味泡双椒

7天 开胃消食
辣 一般人群

青的青，红的红，紫的紫，吃起来辣而不燥、辣中微酸，绝味泡双椒体现了川菜的精髓——香辣。在四川，辣椒绝不仅是一种调料，而是扎扎实实的蔬菜。四川人对辣椒的喜爱是出了名的，他们从小不怕辣，孩提时候就或多或少地尝试吃辣椒，慢慢地将吃辣椒变成一种习惯。很多时候，对他们来说，吃辣椒是一种戒不掉的瘾，没有辣味的刺激就会觉得缺少点什么。

材料

红椒	100克
青椒	100克
洋葱	60克
蒜头	20克

调料

盐	20克
白糖	15克
白酒	15毫升
白醋	10毫升

食材处理

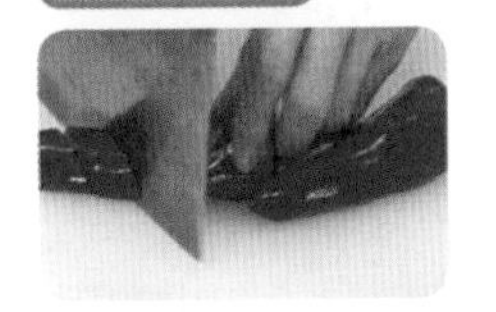

❶将洗好的红椒切成小段。

❷将洗净的青椒切成小段。

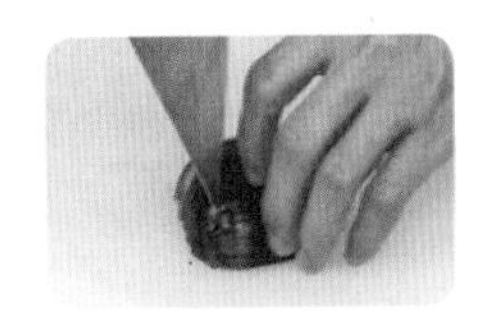

❸把已去皮洗净的洋葱切成片。

做法演示

❶将切好的红椒和青椒放入碗中。

❷加入盐、白糖、白酒和白醋。

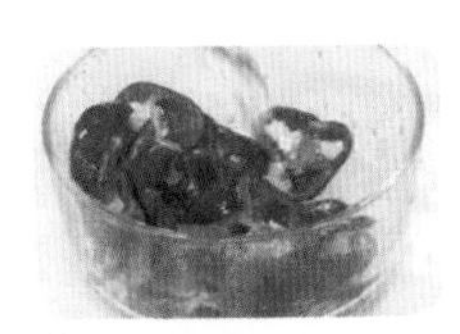

❸倒入 300 毫升矿泉水。

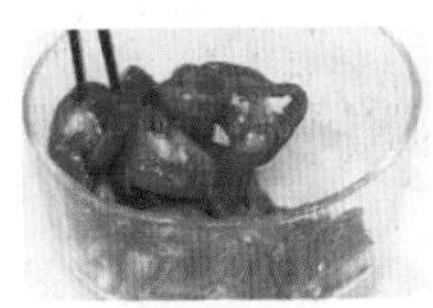

❹用筷子充分拌匀。

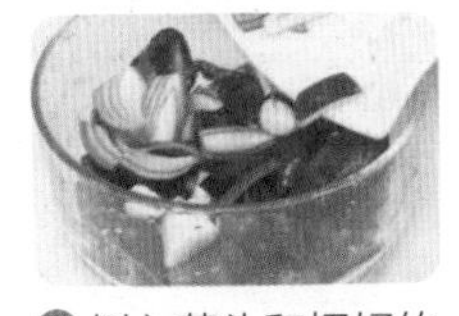

❺倒入蒜头和切好的洋葱。

❻用筷子搅拌至入味。

❼将拌好的材料装入玻璃罐中。

❽盖上盖子，拧紧，放置于阴凉处浸泡 7 天。

❾泡菜制成，取出食用即可。

小贴士

- 选购洋葱，以球体完整，没有裂开或损伤，表皮完整光滑，外层保护膜较多的为佳。
- 新鲜的洋葱，放置在阴凉通风处可以保存 1 周左右。

食物相宜

增强免疫力

洋葱

苦瓜

延缓衰老

洋葱

鸡肉

豆角泡菜

5天　开胃消食
酸辣　一般人群

豆角泡菜安静地摆在盘中，原本的青翠变成了深绿，还带着不一样的味道，但气质还是那么静雅。就像多年不见的老朋友，彼此之间除了亲切，还带有几分新鲜的感触。夏日酷热难耐，胃口也变得不太好，做些清口下饭的小菜最为相宜。豆角泡菜简单实在，很容易让人爱上它酸而微辣的味道。

材料

豆角	100 克
花椒	10 克
干辣椒	6 克

调料

白酒	适量
盐	适量
矿泉水	适量

食材处理

❶ 将洗净的豆角切成段。

❷ 装入盘中备用。

做法演示

❶ 锅内加入适量清水烧开。

❷ 倒入花椒。

❸ 加入盐煮 1 ~ 2 分钟。

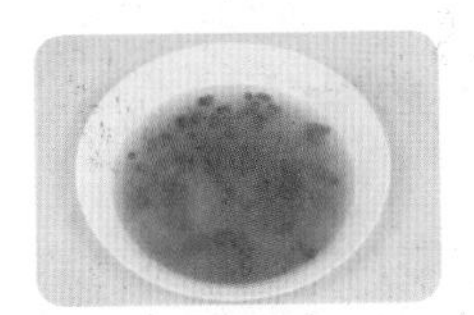

❹ 盛出花椒水。

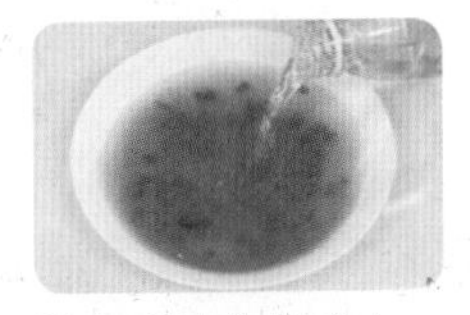

❺ 加入少许矿泉水。

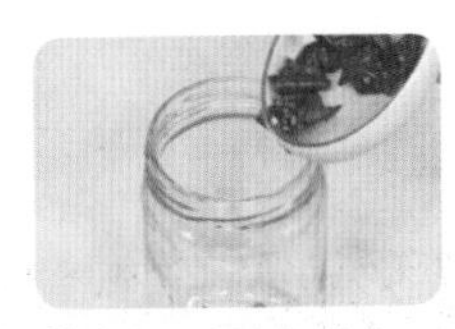

❻ 取玻璃罐，放入干辣椒。

❼ 倒入豆角、白酒。

❽ 加入花椒水。

❾ 加入适量盐。

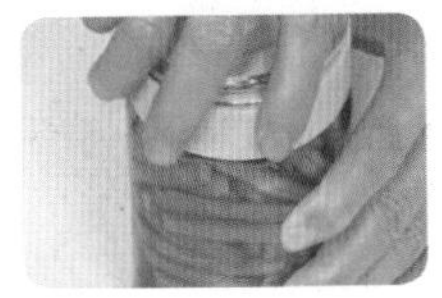

❿ 加盖密封，在阴凉通风处放置 4 ~ 5 天。

⓫ 开封揭盖，取出即可食用。

养生常识

★ 豆角性平味甘，有健脾和胃、补肾止带的作用，特别适合脾胃虚弱所导致的食积、腹胀以及肾虚遗精、白带增多者食用。

★ 豆角多食则性滞，气滞便结者应慎食。

★ 豆角含多种维生素和植物蛋白，有解渴健脾、益气生津的作用。

食物相宜

补肾脏、健脾胃

豆角

菜花

健脾养胃

豆角

鸡肉

明目、抗衰老

豆角

香菇

香辣花生米

5分钟　提神健脑
辣　一般人群

一想到四川的美食，第一感觉就是火爆热辣。香辣花生米将品性温和、有“长生果”之称的花生瞬间变成川味美食。这是一道超级下酒菜，也是宴席最开始的时候上的美味小菜。花生经过油炸变得愈加香脆，爆香的干辣椒味道更加醇熟，且金黄与火红的颜色搭配，给人一种大气的感觉，绝对是夏日开胃的好菜。

材料		调料	
花生米	300克	盐	适量
干辣椒	8克	辣椒油	10毫升
辣椒面	15克	食用油	适量

食材处理

❶ 锅中加适量清水。

❷ 倒入花生米，加入少许盐。

❸ 煮约 3 分钟，捞出沥水。

做法演示

❶ 起锅，注油烧至五成热。

❷ 倒入花生米。

❸ 炸约 2 分钟，捞出装盘。

❹ 锅底留油，倒入干辣椒、辣椒面翻炒出辣味。

❺ 倒入炸好的花生米。

❻ 淋入辣椒油。

❼ 加入少许盐炒匀。

❽ 盛出装盘即可。

小贴士

- 花生以粒圆饱满、无霉蛀者为佳，干瘪的为次品。
- 花生容易霉变，所以应晒干后放在低温、干燥处保存。

食物相宜

健脾、止血

花生

红枣

预防心血管疾病

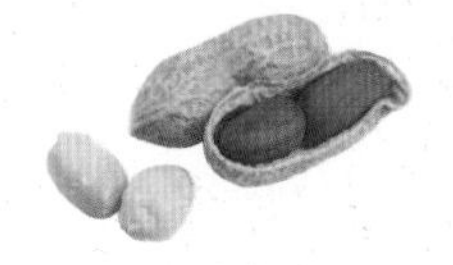

花生

芹菜

养生常识

★ 病后体虚者、处于手术后恢复期者以及女性孕期、产后，进食花生均有补养效果。

香酥豌豆

2分钟　增强免疫力
咸香　儿童

在物质生活匮乏的年代，香酥豌豆是孩子们非常爱吃的一种零食。这道菜总是带着浓浓的关怀和温暖，触动心底那份思念。犹记得妈妈将过年剩下的干豌豆清理好，油炸至金黄，再用调料炒匀，一粒粒饱含着对孩子浓烈的爱……装在一个简单、淳朴的碗中，早上可以当小菜，抓上一把也可以给孩子当零食。带着对童年的几分怀念，不妨将香酥豌豆做起，闲暇时当作零食咀嚼几颗。

材料

水发干豌豆　200克
葱花　少许

调料

盐　3克
味精　2克
生抽　少许
食用油　适量

食材处理

❶ 热锅注油，烧至四成热。

❷ 倒入洗净的豌豆，小火炸约 1 分钟至熟。捞出装入盘中。

做法演示

❶ 锅留底油，将炸好的豌豆倒入锅中。

❷ 加入盐、味精。

❸ 再放入生抽。

❹ 拌炒片刻。

❺ 将炒好的豌豆盛入盘中。

❻ 撒上葱花即可。

小贴士

- 选购豌豆时，手握一把时咔嚓作响，则表示新鲜程度高。豌豆上市的早期要买饱满的，后期要买偏嫩的。
- 豌豆可用保鲜袋装好，扎口，装入有盖容器，置于阴凉、干燥、通风处保存。
- 荚用豌豆可供清炒，也可做汤；粮用豌豆可与大米一起煮粥。
- 生的青豌豆若暂时不吃，不要洗，应直接放冰箱冷藏。
- 剥出来的豌豆适于冷冻保存。

养生常识

- ★ 豌豆适合与富含氨基酸的食物一起烹调，可以明显提高其营养价值。
- ★ 豌豆多食会发生腹胀，易产气，慢性胰腺炎患者忌食。
- ★ 豌豆所含的止杈酸、赤霉素和植物凝素等物质，具有抗菌消炎、增强新陈代谢的功能，可以防止便秘，有清肠作用。

食物相宜

促进食欲

豌豆

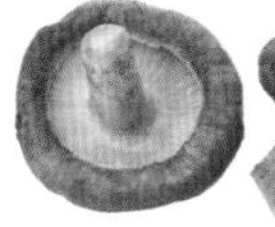

香菇

提高营养价值

豌豆

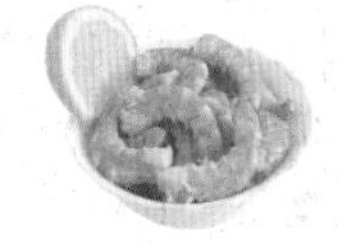

虾仁

开水白菜

7 分钟　通利肠胃
清淡　肠胃病患者

开水白菜初看就像清水中泡着几棵白菜心，不见一点油花，看似朴实无华，但却万万小瞧不得。这道菜点点滴滴都显示出川菜制汤功夫：取不肥不嫩的鸡，洗净血水，中火煮开，改小火，再加鲍鱼片、白菇丝等炖4 ~ 5个小时，收油，滤出汤，要色泽清亮，不见一点油花儿。做着讲究，吃起来更需要好好品味。

材料

白菜	300 克
高汤	450 毫升
枸杞子	5 克

调料

盐	2 克
鸡精	1 克
味精	1 克
食用油	适量

食材处理

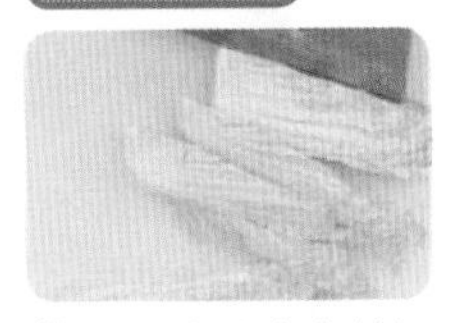

❶ 将洗净的大白菜切成块。

❷ 热锅注油烧热，倒入白菜。

❸ 炸片刻捞出。

做法演示

❶ 锅留底油，倒入适量清水烧开。

❷ 加盐、鸡精。

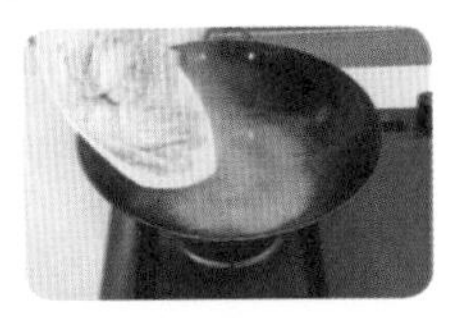

❸ 放入白菜。

❹ 加盖焖煮约 4 分钟至熟。

❺ 捞出煮好的白菜。

❻ 摆入盘中。

❼ 把高汤倒入锅中烧热。

❽ 加盐、味精、鸡精煮沸。

❾ 放入洗好的枸杞子煮熟。

❿ 将汤汁浇入盘中。

⓫ 摆好盘即可。

食物相宜

补充营养，通便

白菜

猪肉

促进消化

白菜

青椒

麻酱冬瓜

6分钟　瘦身排毒
辣　一般人群

不要被它朴素的外表所误导，冬瓜除了清香之外，也被赋予了鲜美的味道；金黄的芝麻酱口味香醇，给冬瓜带来更细腻、新鲜的口感。在烹饪的时候不加辣椒，将姜末换成蒜蓉，味道同样一流。冬瓜的味道清淡，无需太多的调料和技巧就能烹煮成菜，非常适合新手烹饪入门。

材料

材料	用量
冬瓜	300克
红椒	20克
葱条	5克
姜片	5克

调料

调料	用量
盐	2克
鸡精	1克
料酒	3毫升
芝麻酱	适量
食用油	适量

食材处理

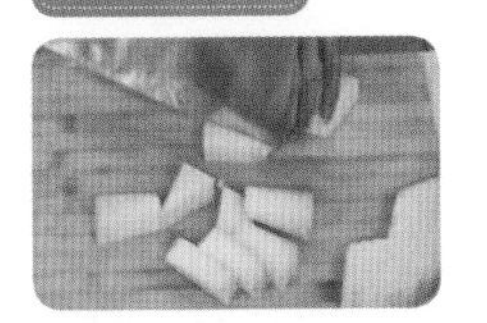

❶将去皮洗净的冬瓜切块。

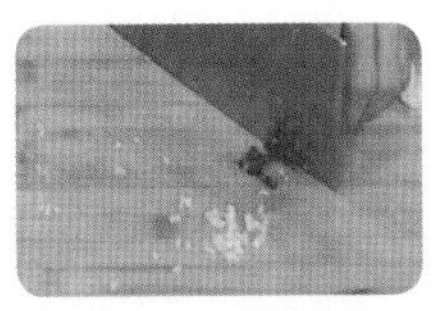

❷把部分姜片切成末；将洗净的红椒切成粒。

❸取出部分葱条，切成葱花。

❹热锅注油烧热，倒入冬瓜。

❺滑油片刻后捞出。

做法演示

❶锅留底油，倒入葱条、姜片。

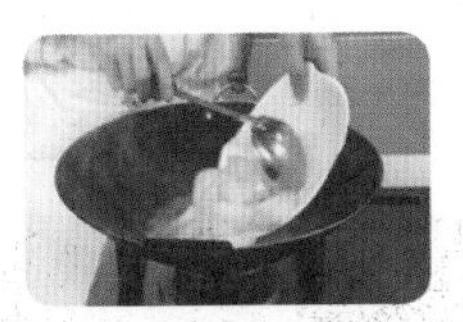

❷加入适量料酒、清水、鸡精、盐，再倒入冬瓜煮沸。

❸捞出已煮好的冬瓜备用。

❹将冬瓜放入蒸锅。

❺大火蒸 2 ~ 3 分钟至熟软。

❻揭盖，取出蒸软的冬瓜。

❼热锅注油，倒入红椒粒、姜末、葱花煸香，再倒入冬瓜炒匀。

❽倒入少许瀣好的芝麻酱拌炒均匀。

❾盛入盘中，撒上葱花即可。

食物相宜

降低血压

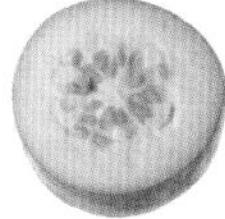

冬瓜

海带

降低血脂

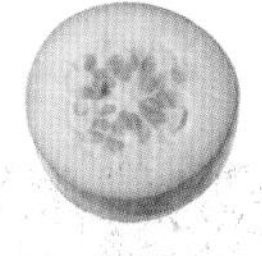

冬瓜

+

芦笋

润肤，明目

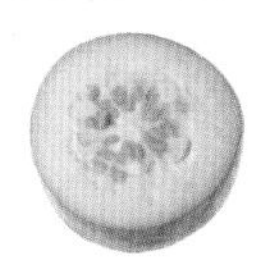

冬瓜

甲鱼

辣炒包菜

4分钟　降压降脂

辣　高血压患者

包菜是春夏季的时令鲜蔬，口味清香脆嫩，具有防衰老、抗氧化的作用。将包菜切成细丝更容易入味，配上香辣开胃的尖红椒、青椒一起爆炒，就能做出一道非常可口的菜肴。脆嫩的包菜被辣椒、花椒激发出清甜的滋味，带给人平实清雅的感受，每餐都必定不会剩下。

材料	
包菜	300克
青椒	15克
红椒	15克
干辣椒	5克
蒜末	5克

调料	
豆瓣酱	适量
盐	2克
味精	1克
水淀粉	适量
食用油	适量

食材处理

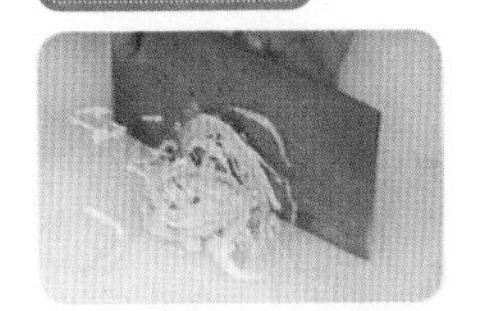
❶ 将洗净的包菜切成丝。

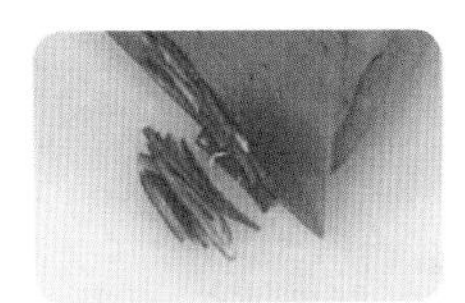
❷ 将洗净的青椒切成细丝。

❸ 将洗净的红椒也切成丝。

做法演示

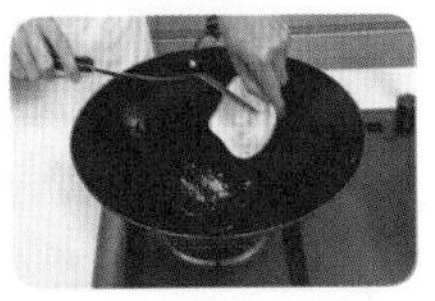
❶ 用油起锅，先放入蒜末。

❷ 放入干辣椒。

❸ 放入青椒丝、红椒丝炒香。

❹ 倒入包菜丝。

❺ 放入豆瓣酱。

❻ 加盐、味精翻炒至熟并入味。

❼ 加水淀粉勾芡。

❽ 淋入熟油盛出即可食用。

小贴士

- 焯主料、辅料时要掌握好火候，否则成菜会不脆。
- 选购包菜，以清洁、无杂质、外观形状完好、茎基部削平、叶片附着牢固者为佳。

食物相宜

益气生津

包菜

+

西红柿

健胃补脑

包菜

黑木耳

养生常识

★ 包菜含有丰富的叶酸，孕妇及生长发育期的儿童应该多吃。

★ 包菜粗纤维量多，脾胃虚寒、泄泻以及小儿脾弱者不宜多食。

拍黄瓜

2 分钟　降压降糖
清淡　糖尿病患者

简单的一拍一拌，只需要 2 分钟，就能将清爽进行到底，这正是拍黄瓜的魅力所在。黄瓜是个彻头彻尾的清爽主义者，放入红辣椒圈，于清爽中加入鲜辣，味蕾就有了冰火两重天的别样感受。白色的瓷盘中，点点红圈撒于一片新绿，很好地为餐桌增色几分。

材料

黄瓜	350 克
红椒	20 克
苦菊	10 克
蒜末	5 克
葱花	5 克

调料

盐	3 克
陈醋	8 毫升
鸡精	2 克
生抽	3 毫升
芝麻油	少许

食材处理

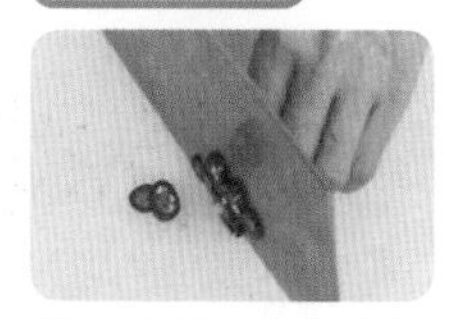

❶ 先将洗净的红椒切成圈。

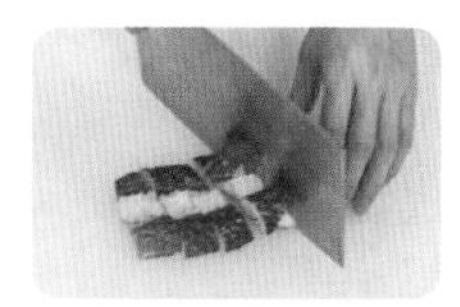

❷ 将洗好的黄瓜拍破，切成段。

做法演示

❶ 黄瓜装入碗中，加入红椒圈以及洗好的苦菊。

❷ 倒入蒜末，加入盐、鸡精。

❸ 倒入陈醋。

❹ 放入葱花、生抽拌均匀。

❺ 加少许芝麻油，用筷子充分拌匀。

❻ 将拌好的黄瓜盛入盘中即可。

小贴士

- 黄瓜用保鲜膜封好置于冰箱中，可保存1周左右。
- 黄瓜可拌、炝、炒、腌渍等，但不宜炒制过久，以免影响口感。
- 质量好的黄瓜鲜嫩，外表的刺粒未脱落，色泽绿，手摸时有刺痛感，外形饱满，硬实。
- 黄瓜放入冰箱前应先擦干表面水分，再放入密封袋。

食物相宜

增强免疫力

黄瓜

鱿鱼

排毒瘦身

黄瓜

大蒜

第3章 无肉不成菜

中国人爱吃肉，所谓无肉不成菜，因此学做菜首先要学会做肉。不论什么人，回家听到厨房里的叮叮当当声，闻着一股又一股从厨房中飘出的香浓肉香，都会精神一振，一时忘却自己的身份。鱼香肉丝、宫保肉丁、回锅肉等川菜上桌后能让所有人风度尽失，不顾形象地大快朵颐。很多时候，一盘芽菜肉末四季豆，再配上一碗白米饭，就足以让人产生恋爱一般的幸福感。

鱼香肉丝

2分钟　开胃消食
酸　一般人群

酸酸甜甜辣辣的味道恐怕没有人会拒绝，这就是鱼香肉丝的魅力。加一点点瘦肉，用一点点时间，提味下饭的鱼香肉丝就可以端上餐桌。这道菜中的鱼香汁很关键，能让肉丝、冬笋丝、黑木耳丝、胡萝卜丝一起烹出鱼香，很是神奇。大名鼎鼎的鱼香肉丝正是靠着它名贯大江南北。

材料

瘦肉	150克
水发黑木耳	40克
冬笋	100克
胡萝卜	70克
蒜末	5克
姜片	5克
蒜梗	10克

调料

盐	3克
水淀粉	10毫升
料酒	5毫升
味精	3克
生抽	3毫升
淀粉	适量
食用油	适量
白糖	适量
陈醋	5毫升
豆瓣酱	适量

食材处理

❶先把洗好的黑木耳切成丝。

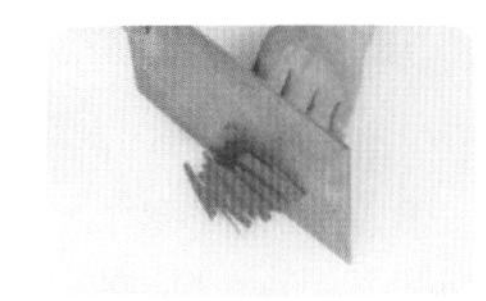

❷洗净的胡萝卜切片，改切成丝。

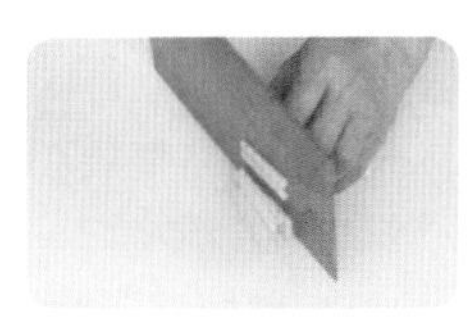

❸洗净的冬笋切片，改切成丝。

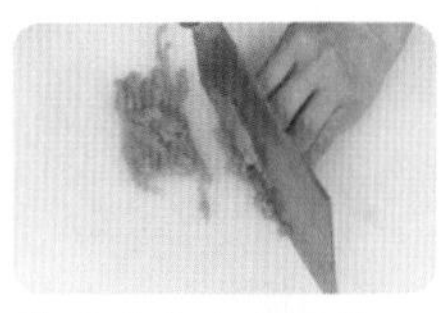

❹洗净的瘦肉切片，改切成丝。

❺肉丝装入碗中，加入少量盐、味精、淀粉拌匀。

❻加少许水淀粉拌匀。

❼倒入少许食用油，腌渍 10 分钟至入味。

❽锅中注入清水，大火烧开，加入盐。

❾倒入胡萝卜、冬笋。

❿倒入木耳拌匀，煮 1 分钟至熟。

⓫将煮好的材料捞出，沥干水分备用。

⓬热锅注油，烧至四成热，放入肉丝，滑油至白色即可捞出。

做法演示

❶锅底留油，倒入蒜末、姜片、蒜梗爆香。

❷倒入胡萝卜、冬笋、黑木耳炒匀。

❸倒入肉丝，加料酒拌炒匀。

❹加入盐、味精、生抽、豆瓣酱、白糖、陈醋。

❺炒匀调味。

❻加入少许水淀粉。

❼快速拌炒均匀。

❽盛出装盘即可。

青椒肉丝

2分钟　益气补血
辣　女性

青椒肉丝是真正的快手菜，2分钟搞定，而且色香味俱全，看着就很爽。青椒的清脆碧绿，肉丝的鲜嫩，红椒的火红清香，色彩的搭配在这道菜里得到了充分展现。无论是就米饭，还是拌面条，它都是一位绝佳搭档。

材料

材料	用量
青椒	50克
红椒	15克
瘦肉	150克
葱段	5克
蒜片	5克
姜丝	5克

调料

调料	用量
盐	3克
水淀粉	10毫升
味精	3克
淀粉	3克
豆瓣酱	3克
料酒	3毫升
蚝油	适量
食用油	适量

食材处理

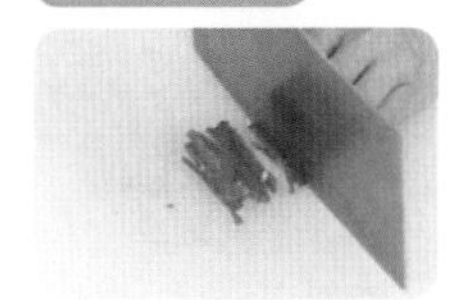

❶将洗净的红椒切成丝。

❷将洗净的青椒切成丝。

❸将洗好的瘦肉切成丝。

❹将肉片装入碗中，加少许淀粉、盐、味精拌匀。

❺加入水淀粉拌匀。

❻加少许食用油，腌渍 10 分钟。

❼热锅注油，烧至四成热，倒入肉丝。

❽滑油至变色，捞出备用。

做法演示

❶锅底留油，倒入姜丝、蒜片、葱段爆香。

❷倒入青椒、红椒炒匀。

❸倒入肉丝炒匀。

❹加盐、味精、蚝油、料酒调味。

❺加入豆瓣酱炒匀，再用水淀粉勾芡。

❻炒匀后出锅装盘即可。

食物相宜

降低血压

瘦肉

+

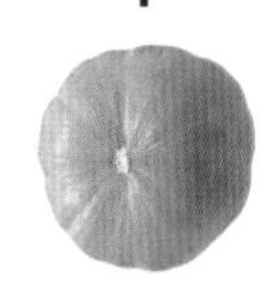

南瓜

祛斑消淤

瘦肉

+

山楂

宫保肉丁

3分钟　增强免疫力
咸香　一般人群

不论是川菜名家，还是街边小店，“宫保”都是一种极受欢迎的开胃菜做法，其秘诀在于宫保汁的调配。学会了这个秘诀，在家也能轻松享受美味。宫保肉丁里有鲜嫩的瘦肉、酥脆的花生米，再加上爽口的莴笋、冬笋和胡萝卜丁，融合多种食物的营养，酸甜适度，香气浓郁，色泽鲜亮，一定能带给你愉快的享受。

材料

瘦肉	200克
水发黑木耳	30克
冬笋	50克
莴笋	60克
胡萝卜	30克
花生米	45克
姜片	5克
蒜末	5克

调料

盐	3克
味精	1克
料酒	5毫升
水淀粉	适量
豆瓣酱	适量
白糖	2克
食用油	适量

食材处理

①将已去皮洗好的胡萝卜切丁。

②把去皮洗净的莴笋切丁。

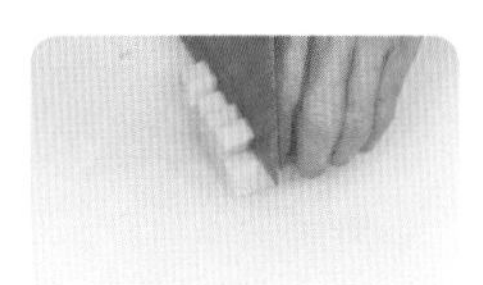

③把去皮洗净的冬笋切成丁。

④水发黑木洗净、耳切片。

⑤把洗净的瘦肉切成丁。

⑥肉丁加盐、味精、水淀粉拌匀，再加入少许食用油腌渍 10 分钟。

⑦锅中倒入清水，加盐、食用油烧开，倒入胡萝卜、莴笋、冬笋和黑木耳。

⑧大火煮约 2 分钟，至熟后捞出。

⑨倒入洗好的花生米，煮约 2 分钟至熟。

⑩捞出煮好的花生米。

⑪热锅注油烧热，倒入煮熟的花生米，小火炸 2 分钟至熟。

⑫捞出炸好的花生米。

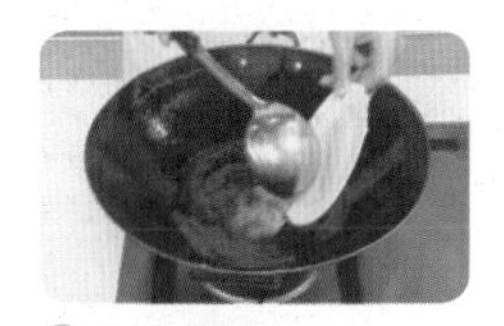

⑬倒入肉丁。

⑭滑油片刻后捞出。

做法演示

①锅留底油，倒入姜片、蒜末爆香。

②加入冬笋、黑木耳、胡萝卜、莴笋炒匀。

③倒入肉丁，加盐、味精、料酒、白糖炒至熟。

④加入豆瓣酱炒香，再加少许水淀粉炒匀。

⑤倒入花生米炒匀。

⑥盛入盘中即成。

芽菜肉末炒春笋

3分钟　增强免疫力
咸香　儿童

芽菜本身就是一味开胃小菜，口感很好，又香又脆，适合下饭。春季万物复苏，正当春笋尝鲜之时，取鲜笋切丁，将肉末炒熟，然后爆入葱、姜、蒜，将笋丁、芽菜、辣椒与肉末同炒。这道菜口感微辣，芽菜清香，肉味浓郁，非常开胃。

材料

春笋	250克
猪肉末	120克
芽菜	150克
姜片	5克
蒜末	5克
葱段	5克
红椒末	20克

调料

盐	2克
水淀粉	适量
生抽	3毫升
料酒	5毫升
食用油	适量

食材处理

❶将洗好的春笋切成丁。

❷锅中注入清水，加入盐和少许食用油烧热。

❸倒入笋丁，烧开后捞出。

做法演示

❶锅置旺火，注油烧热，倒入肉末炒散。

❷加入盐、生抽、料酒炒匀。

❸倒入红椒末、蒜末、葱段、姜片炒匀。

❹再倒入笋丁、洗好的芽菜炒匀。

❺加入少许水淀粉勾芡，再将勾芡后的菜炒匀。

❻盛入盘内即可。

小贴士

- 新鲜猪肉的表面微干或湿润，不黏手，嗅之气味正常。
- 猪肉的保存：可将新鲜猪肉洗净，用保鲜薄膜袋包好，放入冰箱冷藏柜。

养生常识

★ 食用猪肉后不宜大量饮茶，因为茶叶中的鞣酸会与蛋白质合成具有收敛性的鞣酸蛋白质，使肠蠕动减慢。

★ 吃猪肉时与豆类食物搭配，可以乳化血浆，使胆固醇与脂肪颗粒变小，能防止硬化斑块形成。

食物相宜

降低胆固醇

猪肉

+

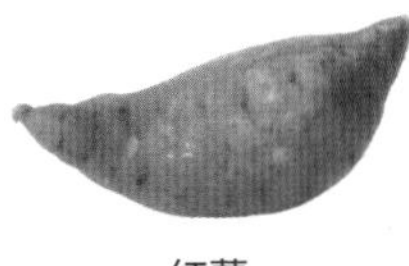

红薯

补脾益气

猪肉

莴笋

保持营养均衡

猪肉

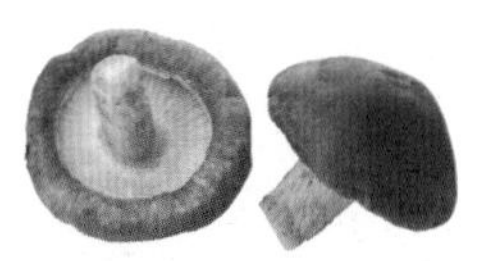

香菇

芽菜肉末四季豆

5分钟　提神健脑
咸香　一般人群

这道菜看起来朴实无华，但却有着独特的口感搭配。四季豆切得如此细碎自然是所有人都难以抗拒的拌饭美味，当菜、饭欢快地混合在碗中时，定能换来一张张满足的笑脸。只要餐桌上有这道菜，当天的米饭定会一扫而光！将这道菜中的芽菜换成橄榄菜，不加辣椒，就变成了口味清淡者的最爱。

材料		调料	
五花肉末	70 克	料酒	5 毫升
四季豆	150 克	生抽	3 毫升
芽菜	60 克	盐	2 克
蒜末	5 克	味精	1 克
红椒末	20 克	食用油	适量

食材处理

❶ 将洗净的四季豆切小段。

❷ 热锅注油，烧至三成热，倒入四季豆。

❸ 滑油片刻捞出。

做法演示

❶ 锅留底油，倒入五花肉末翻炒至出油。

❷ 加入蒜末、红椒末炒香。

❸ 淋入料酒、生抽炒香。

❹ 倒入芽菜炒匀。

❺ 加四季豆翻炒至熟。

❻ 放盐、味精炒入味。

❼ 淋入熟油拌匀。

❽ 盛入盘中即可。

食物相宜

抗老化

四季豆

+

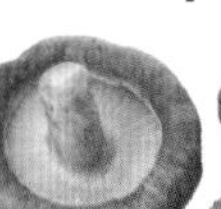
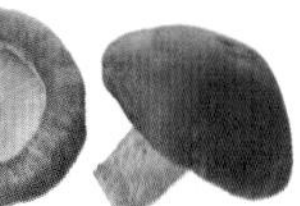
香菇

促进骨骼成长

四季豆

+

花椒

小贴士

- 五花肉的瘦肉部分是最嫩且最多汁的。
- 五花肉的肥肉遇热易化，瘦肉久煮也不柴。

养生常识

★ 湿热痰滞内蕴者慎食五花肉；肥胖、血脂较高者不宜多食五花肉。

★ 肉类含糖量较低，平均只有 1% ~ 5%。按照中医的理论，猪肉性微寒、有解热功能，能补肾益气。

★ 肉类含蛋白质丰富，一般在 10% ~ 20%。瘦肉比肥肉含蛋白质多。肉类食物含有优质蛋白质，含有的必需氨基酸不仅全面、数量多，而且比例恰当，接近于人体所谓的蛋白质，容易被消化吸收。

猪油渣炒空心菜梗

2分钟 清热解毒
咸香 女性

将猪肥肉炼油后产生的猪油渣香浓美味、爽脆可口，直接食用让你回味无穷，撒上盐或者白糖吃更是美味。猪油渣作为猪肉的替代品炒制各种菜肴，也别有一番风味。取适量空心菜梗切成段，加入猪油渣中略炒，简单的猪油渣炒空心菜梗就可以上桌了。它色彩鲜艳、口感脆爽，能轻易抓住你的胃。

材料		调料	
空心菜梗	200克	盐	3克
猪肥肉	80克	鸡精	1克
蒜片	5克	食用油	适量

食材处理

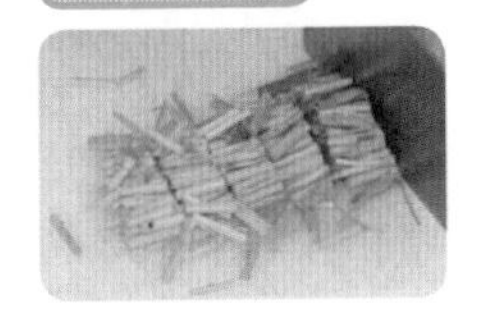

❶ 将洗净的空心菜梗切 3 厘米长的段。

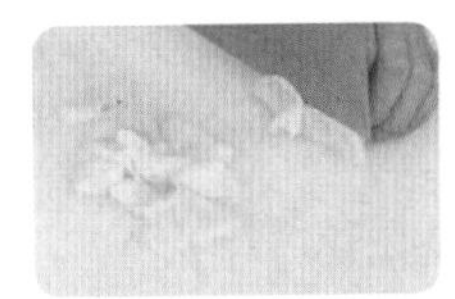

❷ 将洗净的猪肥肉切片。

做法演示

❶ 用油起锅，倒入猪肥肉，改用小火，炒干油分。

❷ 将多余的油盛出。

❸ 倒入蒜片炒香。

❹ 倒入空心菜梗炒熟。

❺ 加入盐、鸡精炒匀调味，继续翻炒至入味。

❻ 盛出装盘即可。

小贴士

- 空心菜主要用来炒菜，也宜做汤，也可凉拌。
- 空心菜宜旺火快炒，以避免营养流失。
- 空心菜用保鲜膜封好置于冰箱中，可保存 1 周左右。
- 选购空心菜时，以菜叶无黄斑、茎部不太长、叶子宽大的为好。
- 猪油渣为猪的肥肉经过长时间熬制形成，炼油时温度较高，有机物受热会分解成苯并芘，故不宜过多食用。

食物相宜

解毒降压

空心菜

+

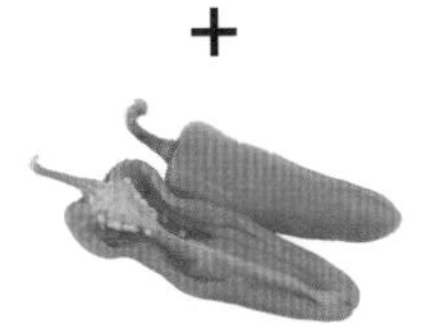

尖椒

养生常识

- ★ 空心菜可解除口臭，健美皮肤，堪称美容佳品。
- ★ 空心菜性寒滑利，故体质虚弱、脾胃虚寒、大便溏薄者不宜多食。
- ★ 空心菜中粗纤维的含量较丰富，这种食用纤维是由纤维素、半纤维素、木质素、胶浆及果胶等组成，具有促进肠蠕动、通便解毒的作用。

土豆回锅肉

5 分钟　滋阴润燥
辣　女性

川菜里很难找出不下饭的菜式，但提起下饭菜，土豆回锅肉绝对名列前茅，试问有谁能抗拒这又香又辣的诱惑？五花肉煮后再回锅炒制，原本油腻的感觉已经去掉了一半，剩下的肉香与土豆片亲密融合，无论是肉还是土豆，最后都具有一种别样的美味，吃起来满口生香，回味无穷。

材料

五花肉	500 克
土豆	200 克
青蒜苗	50 克
朝天椒	20 克

调料

高汤	适量
盐	3 克
味精	1 克
糖色	适量
豆瓣酱	适量
白糖	2 克
蚝油	3 毫升
料酒	5 毫升
辣椒油	适量
水淀粉	适量
食用油	适量

食材处理

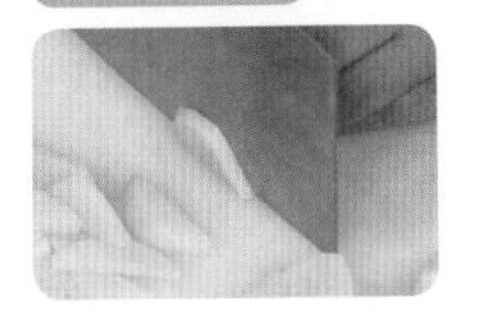

❶ 土豆去皮，洗净切成片。

❷ 朝天椒洗净切圈。

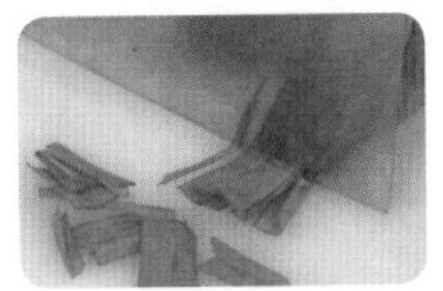

❸ 青蒜苗洗净切段。

❹ 锅中倒入适量清水，放入五花肉。

❺ 加少许料酒，汆至断生捞出。

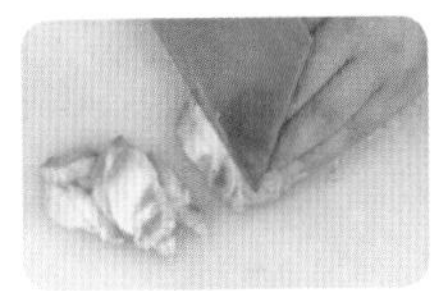

❻ 五花肉切片，装入碗内，加入糖色拌匀。

做法演示

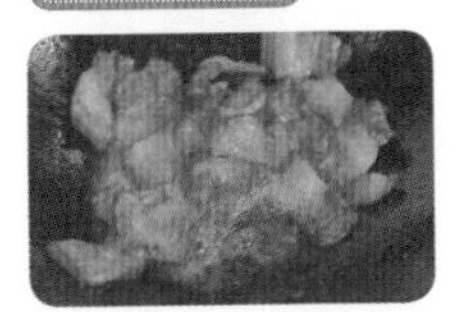

❶ 用食用油起锅，倒入五花肉炒至出油。

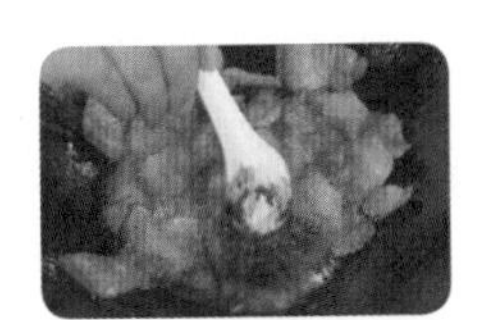

❷ 加豆瓣酱炒香，再淋入少许料酒炒匀。

❸ 倒入朝天椒、土豆片，炒匀。

❹ 倒入高汤，拌匀，煮约 3 分钟至熟，再加入盐、味精、白糖、蚝油调味。

❺ 倒入蒜苗梗炒熟。

❻ 淋入水淀粉、辣椒油炒匀，放入蒜叶。

❼ 拌炒均匀。

❽ 盛入盘中即成。

食物相宜

健脾养胃

土豆

＋

蜂蜜

健脾开胃

土豆

＋

辣椒

养生常识

★ 想减肥的人尤其应该经常吃土豆，可以增加饱腹感。

四季豆炒回锅肉

5分钟　开胃消食
辣　一般人群

五花肉先煮后炒，两次烹饪之后吃起来满口生香，四季豆作为配菜，不仅吸收了肉的油腻，还能增加菜品的清香。这道菜色泽红亮、味醇汁浓、酥烂而形不碎、香而不腻，辣椒酱浓郁的香辣味刺激着我们的味蕾，而四季豆的清香也在我们口中回味。不得不说，这道菜既是重口味嗜肉族的大爱，也是极有滋味的下饭菜。

材料

四季豆	150 克
五花肉	120 克
干辣椒	6 克
红椒片	10 克
蒜苗段	30 克
蒜末	5 克
姜片	5 克
葱白	5 克

调料

盐	3 克
味精	1 克
鸡精	1 克
辣椒酱	适量
老抽	5 毫升
水淀粉	适量
食用油	适量

食材处理

❶ 锅中倒入清水烧开，放入洗净的五花肉，盖上锅盖。

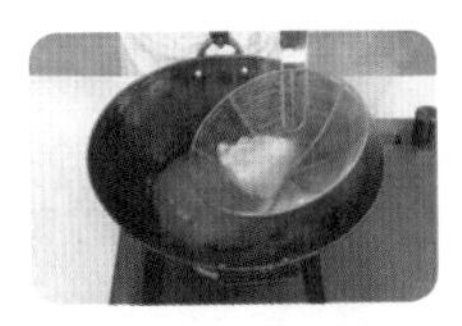

❷ 焖煮约 3 分钟至断生后捞出，稍放凉。

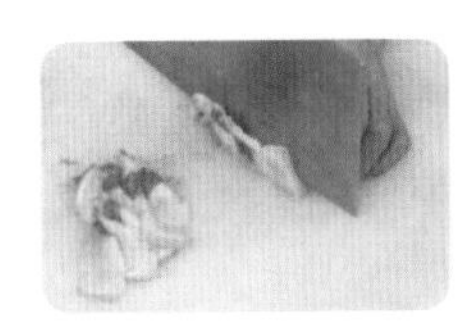

❸ 将五花肉切成片。

❹ 把洗好的四季豆切成段。

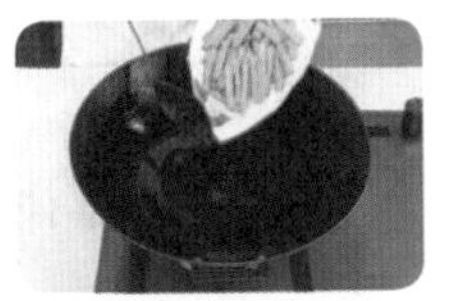

❺ 热锅注入食用油，烧至五成热，倒入四季豆，滑油。

❻ 至四季豆断生时捞出。

做法演示

❶ 锅留底油，倒入蒜末、姜片、葱白爆香。

❷ 倒入五花肉，加入少许老抽炒匀。

❸ 倒入洗好的干辣椒。

❹ 倒入四季豆炒匀。

❺ 加少许清水翻炒约 2 分钟至熟透。

❻ 加入辣椒酱、盐、味精、鸡精炒匀。

❼ 倒入红椒和蒜苗段炒匀。

❽ 加少许水淀粉勾芡。

❾ 将做好的菜盛入盘里即成。

食物相宜

抗老化

四季豆

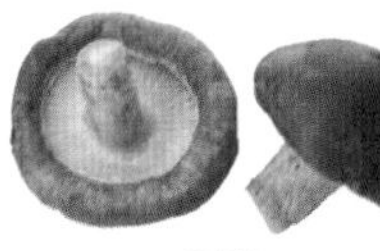

香菇

促进骨骼成长

四季豆

花椒

养生常识

★ 猪肉最好不要与香菜同食。香菜辛温，耗气伤神；猪肉滋腻，助湿热而生痰。若两者配食，对身体有损害而无益处。

蒜薹回锅肉

4分钟 健脾开胃
咸香 一般人群

细长的蒜薹有着浓郁的蒜香和清香，当它与引人口水的回锅肉相遇时，个性不同的两物颇为投缘地融合在一起。五花肉吸收了蒜薹的香气，蒜薹吸收了五花肉的油腻，成菜漂亮的颜色和喷香的气味一定会让你吃上一口就上瘾。空闲之时，亲手为餐桌添上这道鲜香而辣、色味俱佳的美食，吃起来有百分之百的感动！

材料

蒜薹	120克
红椒	15克
五花肉	150克
姜片	5克
葱白	5克

调料

盐	3克
味精	1克
蚝油	3毫升
料酒	5毫升
老抽	3毫升
水淀粉	适量
食用油	适量

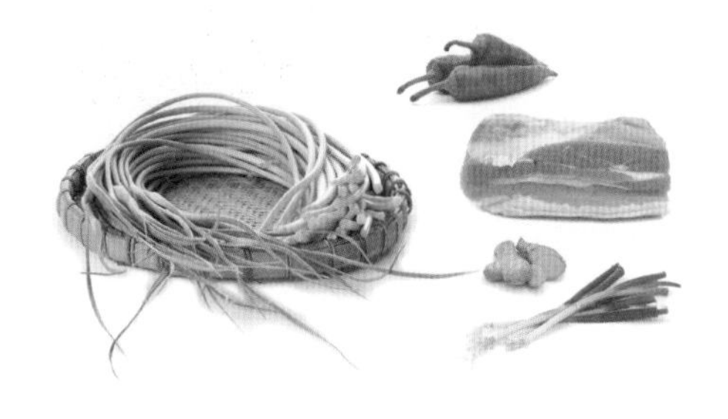

食材处理

❶ 在锅中注入适量清水，放入洗净的五花肉。

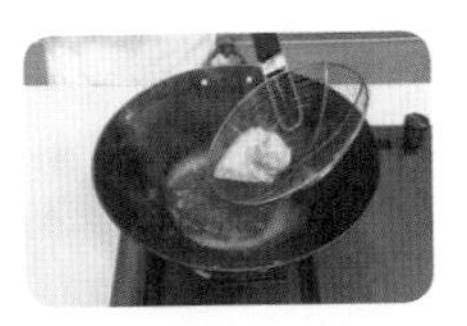

❷ 加盖焖煮 7 分钟至熟，捞出五花肉，稍放凉。

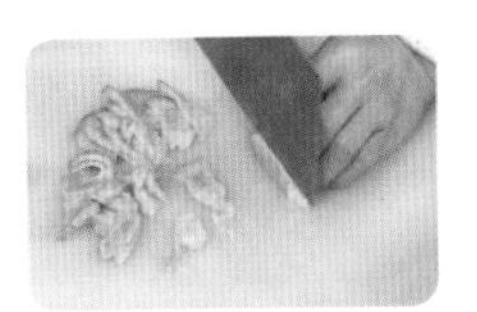

❸ 将五花肉切成片。

❹ 把洗好的蒜薹切成段。

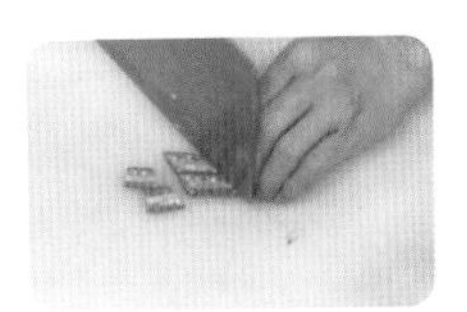

❺ 将红椒切片。

❻ 锅注油烧热，倒入蒜薹，滑油片刻至断生，捞出。

做法演示

❶ 锅留底油，倒入五花肉炒至出油。

❷ 锅中加入老抽、料酒，将肉片翻炒至香。

❸ 锅中倒入姜片、葱白、红椒和蒜薹，翻炒至熟。

❹ 加入盐、味精和蚝油炒匀调味。

❺ 加入少许水淀粉勾芡。

❻ 将做好的菜盛入盘内即可。

小贴士

✪ 蒜薹以刚采摘的脆嫩蒜薹品质最佳，老蒜薹不宜食用。

食物相宜

可滋阴润燥、养胃益气

猪肉

+

芋头

消食、通便

猪肉

+

白萝卜

辣椒炒肉卷

5分钟　开胃消食
辣　一般人群

生活在快节奏的都市，回家做饭的时间很有限，辣椒炒肉卷这种快手菜无疑是最好的选择。鲜嫩的猪肉卷，配上香辣爽口的青椒，简简单单就可以做出一道肉味浓郁、爆香味辣、令人胃口大开的菜肴了。这道日常小炒在满足胃的同时，还能让你放松下来，在忙碌中感受浓浓的温情。

材料

青椒	50 克
红椒	30 克
肉卷	100 克
姜片	5 克
蒜末	5 克
葱白	5 克

调料

盐	2 克
味精	1 克
鸡精	1 克
豆瓣酱	适量
水淀粉	适量
料酒	5 毫升
食用油	适量

食材处理

❶ 将洗净的青椒切成片。

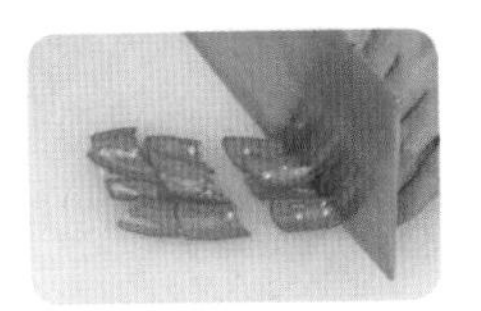

❷ 洗好的红椒切片。

❸ 肉卷切片。

❹ 热锅注油，烧至四成热，放入肉卷。

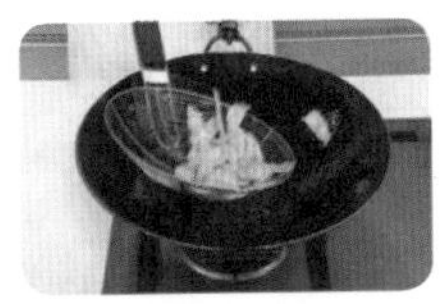

❺ 炸至金黄色捞出。

做法演示

❶ 锅底留油，倒姜片、蒜末、葱白爆香。

❷ 加青椒、红椒炒香。

❸ 加肉卷，加盐、味精、鸡精、豆瓣酱、料酒炒匀。

❹ 用水淀粉勾芡。

❺ 翻炒均匀。

❻ 盛出，装入盘中即可食用。

小贴士

✪ 猪肉的肉质比较嫩，肉中筋少。横切易碎，顺切又易老。所以要斜着纤维纹路切，这样才能达到既不易碎、又不易老的目的。

食物相宜

美容养颜

青椒

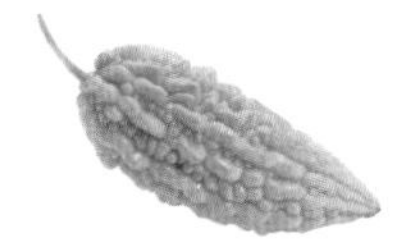

苦瓜

开胃

青椒

鳝鱼

养生常识

★ 辣椒容易引发痔疮、疥疮等炎症，故要少吃。

★ 溃疡、食管炎、咳喘、咽喉肿痛、痔疮患者应少食辣椒。

油焖茭白

3分钟 增强免疫力

鲜 老年人

茭白是蔬菜里的贵族，黄白或青白的茭白肉，自打剥出来就能闻见带着泥土的清香，肥嫩紧致的肉质无须加太多处理便足以诱人。其与五花肉的香肥、植物油的清香融合得恰到好处，让人回味无穷。茭白经油焖而变得厚重、纯朴、可爱。

材料

茭白	150克
五花肉	200克
红椒	15克
姜片	5克
蒜末	5克
葱白	5克

调料

盐	3克
蚝油	3毫升
老抽	5毫升
料酒	5毫升
味精	1克
水淀粉	适量
芝麻油	适量
食用油	适量

食材处理

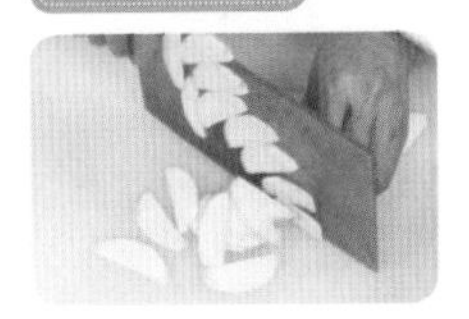

❶ 将去皮洗净的茭白对半切开，切成片。

❷ 红椒洗净，去蒂，切开，去籽，切成块。

❸ 洗净的五花肉切成片。

❹ 锅中加清水烧开，加盐及少许食用油。

❺ 倒入茭白，搅拌。

❻ 煮沸后即可捞出。

做法演示

❶ 用油起锅，倒入五花肉，翻炒至出油。

❷ 加少许老抽、料酒，翻炒香。

❸ 加入姜片、蒜末、葱白、红椒，炒匀。

❹ 倒入切好并汆水的茭白。

❺ 加蚝油、盐、味精，炒匀调味，煮片刻。

❻ 加入少许水淀粉勾芡。

❼ 加少许芝麻油。

❽ 在锅中炒匀至入味。

❾ 盛出装盘即可。

食物相宜

补虚健体

茭白

+

香菇

美容养颜

茭白

+

鸡蛋

养生常识

★ 红椒不宜多食，过食可引起头昏、眼干，还可引起口腔、腹部或肛门灼热、疼痛，以及腹泻、唇生疱疹等症。

水煮肉片

6分钟　增进食欲
辣　一般人群

一方水土养一方人，以“麻、辣、鲜、烫”著称的水煮肉片绝对是川菜中的名角。不论是在外聚餐，还是家庭小聚，这道菜都会无形中拉近人与人之间的距离，鲜嫩的肉片，脆爽的生菜，红艳的汤色上泛着油光，姜末、蒜泥、花椒粉、葱花散发着浓烈的香气，绝对让你欲罢不能。

材料

瘦肉	200克
生菜	50克
灯笼泡椒	20克
生姜	15克
大蒜	15克
葱花	5克

调料

盐	4克
水淀粉	20毫升
味精	3克
淀粉	3克
豆瓣酱	20克
陈醋	15毫升
鸡精	3克
食用油	适量
辣椒油	适量
花椒油	适量
花椒粉	适量

食材处理

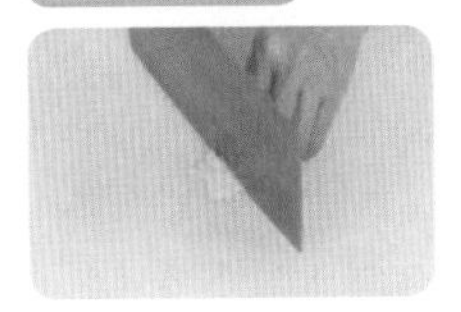

❶ 洗净的生姜拍碎，剁成末。

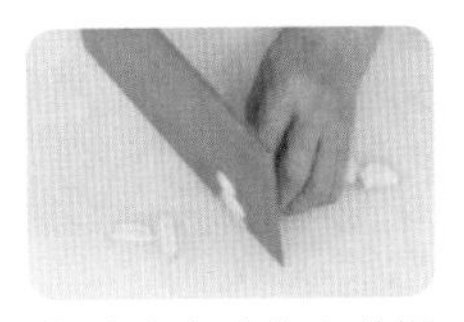

❷ 洗净去皮的大蒜切成片。

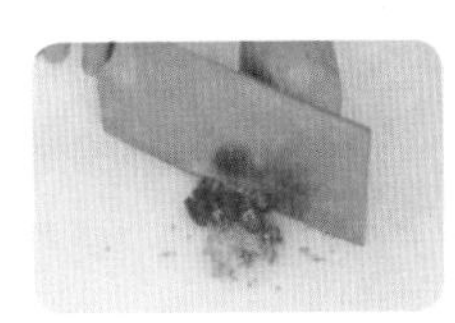

❸ 将灯笼泡椒切开，剁碎。

❹ 洗净的瘦肉切成薄片。

❺ 肉片加少许淀粉、盐、味精拌匀。

❻ 加水淀粉、食用油拌匀，腌渍10分钟。

❼ 热锅注油，烧至五成热，倒入肉片。

❽ 肉片滑油至转色即可捞出。

做法演示

❶ 锅底留油，倒入蒜片、姜末、灯笼泡椒末、豆瓣酱爆香。

❷ 倒入肉片，加约200毫升清水。

❸ 加辣椒油、花椒油炒匀。

❹ 加盐、味精、鸡精炒匀，煮1分钟入味。

❺ 加水淀粉勾芡，加陈醋炒匀。

❻ 翻炒片刻至入味。

❼ 将洗净的生菜叶垫于盘底，盛入肉片。

❽ 撒上葱花、花椒粉。

❾ 锅中倒油烧至七成热，浇在肉片上即可。

食物相宜

降低胆固醇

猪肉

+

红薯

健脾益气

猪肉

莴笋

保持营养均衡

猪肉

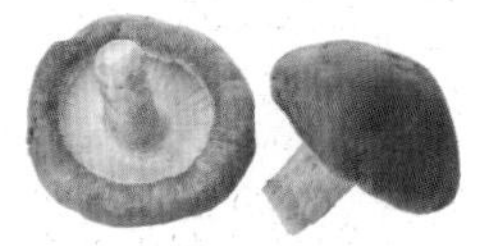

香菇

咸烧白

45 分钟 开胃消食
咸香 一般人群

咸烧白，即为四川传统名菜。川渝游子思乡心切时，又有谁不惦记着妈妈新蒸出来的咸烧白？多少年来，这已经成为他们深植心间的乡愁。这碗咸烧白，五花肉醇香扑鼻、软糯细滑、肥而不腻，芽菜质嫩咸鲜、味道香醇，每每让人意犹未尽。这道菜也是很多四川人家过年必吃的一道菜肴，其操作简单，材料易得，考验的全是“蒸”功夫，着实是居家吃饭的王牌。

材料

五花肉	350 克
芽菜	150 克
姜片	25 克
葱花	3 克
干辣椒	少许
八角	少许
花椒	少许

调料

味精	3 克
白糖	3 克
盐	3 克
糖色	少许
老抽	3 毫升
料酒	5 毫升
食用油	适量

食材处理

❶ 在锅中注入适量清水。

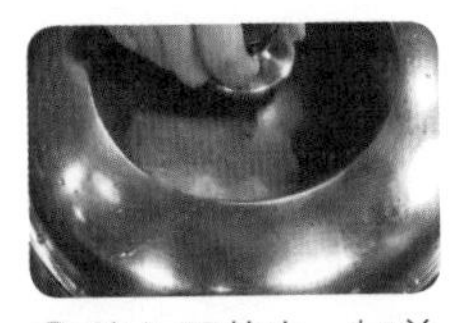

❷ 放入五花肉，加盖煮熟。

❸ 取出煮熟的五花肉，放入盘中。

❹ 在肉皮上抹上一层糖色。

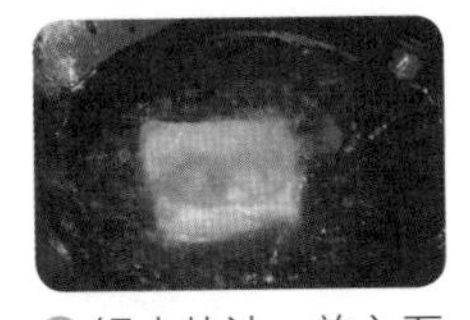

❺ 锅中热油，放入五花肉，略炸，至肉皮呈暗红色捞出。

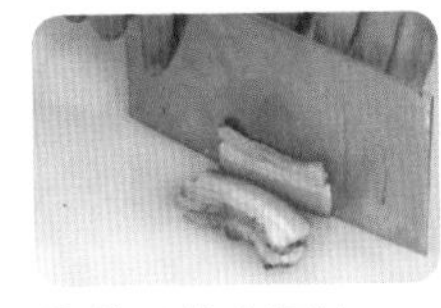

❻ 将五花肉切片。

❼ 装入碗内，淋入老抽、料酒，加盐、味精拌匀。

❽ 肉片叠入碗内，放入八角、花椒、干辣椒、姜片。

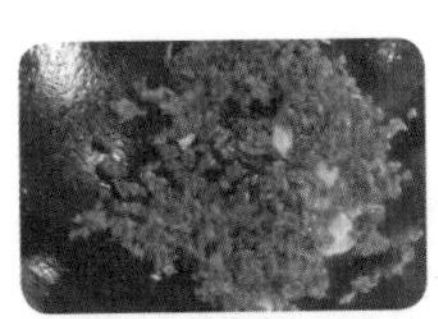

❾ 起油锅，倒入姜片、芽菜、干辣椒、葱花炒香。

做法演示

❶ 芽菜加味精、白糖调味炒熟，放在肉片上压实。

❷ 再放入蒸锅中。

❸ 加盖，中火蒸 40 分钟至熟软。

❹ 揭盖取出。

❺ 倒扣入盘内。

❻ 取走碗，撒上葱花即成。

食物相宜

增强免疫力

猪肉

＋

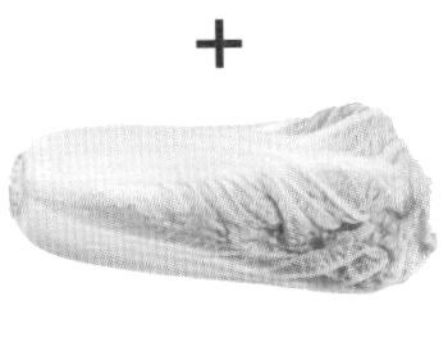

白菜

消食、除胀、通便

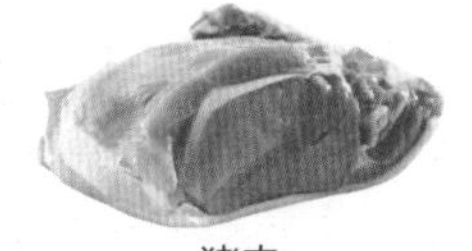

猪肉

＋

山药

香辣五花肉

5分钟　增进食欲
辣　一般人群

香辣五花肉是一道传统佳肴，精心挑选的五花肉，爽口嫩滑，完全没有油腻感，让人停不下嘴。这道菜是极考验刀工的，五花肉一定要切得越薄越好，否则不仅难以成形，而且不易入味。看似简单的一道菜，也要经历一番苦功，付出与收获是成正比的。

材料		调料	
熟五花肉	500克	白醋	3毫升
红椒	15克	盐	3克
花生米	30克	味精	1克
白芝麻	适量	辣椒油	适量
西蓝花	50克	食用油	适量

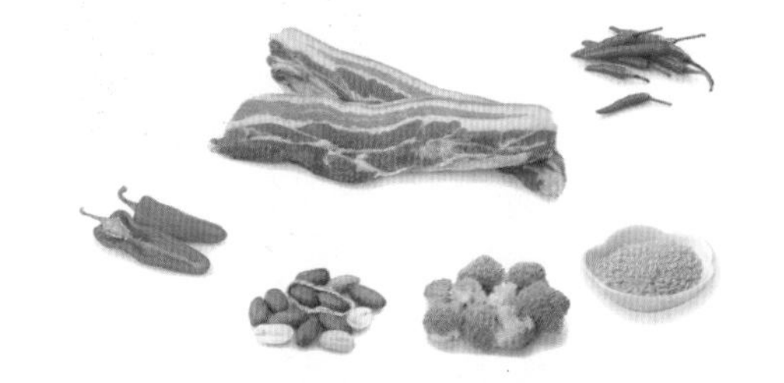

食材处理

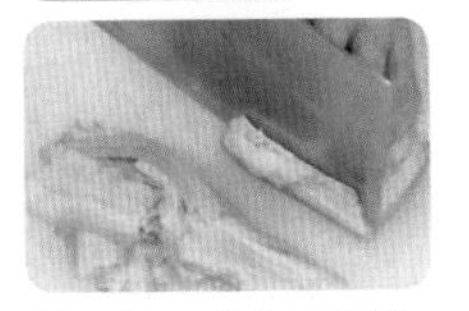

❶将熟五花肉切薄片。

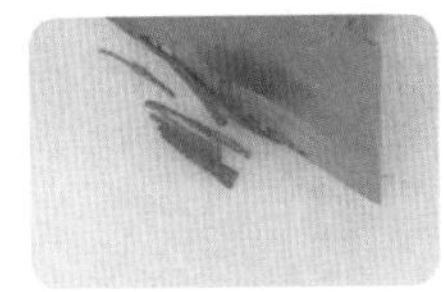

❷将洗净的红椒切丝。

做法演示

❶ 热锅注油，烧至三成热，倒入处理好的花生米。

❷ 低油温炸约 2 分钟捞出。

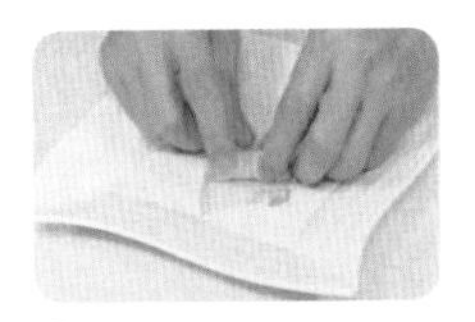

❸ 将肉片卷起。

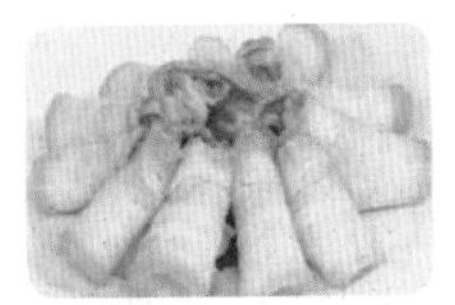

❹ 将肉卷搭放在焯熟的、摆在盘中的西蓝花上。

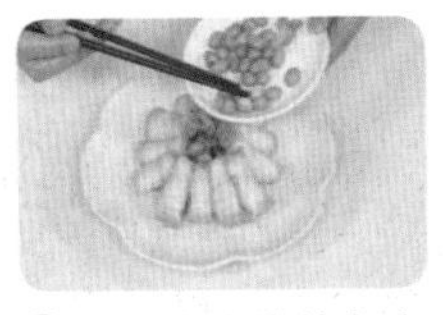

❺ 将花生米堆放在肉卷上。

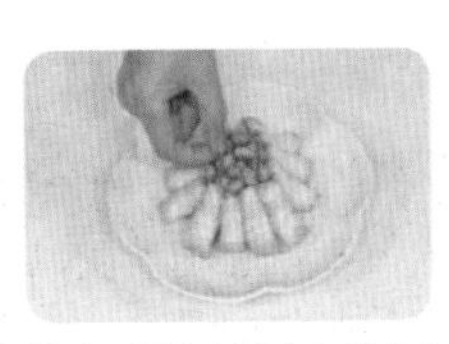

❻ 再摆上焯过水的红椒丝。

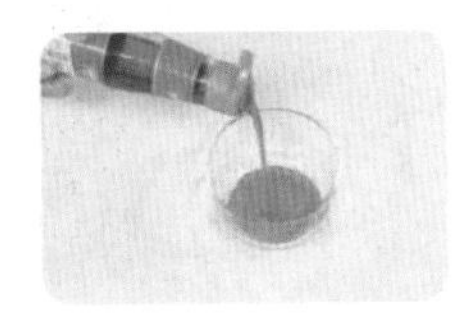

❼ 取碗，倒入辣椒油。

❽ 加入少许白芝麻。

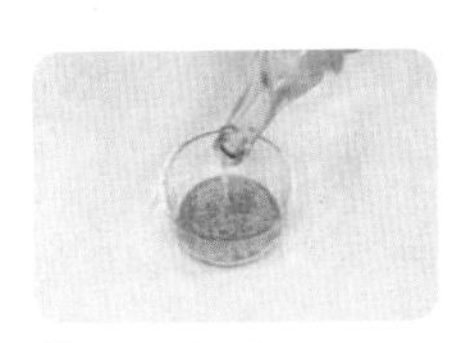

❾ 倒入白醋。

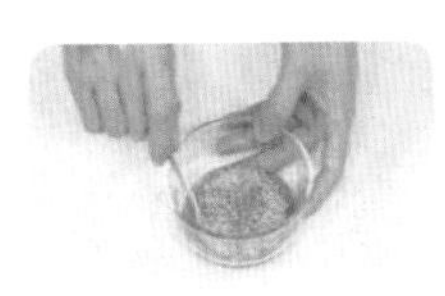

❿ 加入盐、味精拌匀。

⓫ 将碗中的味汁浇在肉卷上。

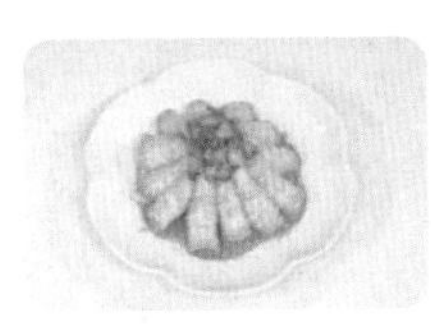

⓬ 撒上余下的白芝麻即可。

食物相宜

开胃消食

猪肉

+

白菜

健脾益气

猪肉

+

莴笋

保持营养均衡

猪肉

+

香菇

泡菜五花肉

4 分钟 开胃消食
辣 一般人群

四川泡菜味道香醇、口感爽脆，搭配五花肉烹饪，口感酸辣咸香，能去油解腻、开胃提神，可谓居家必备小炒。这道菜做起来非常简单，如果你愿意甚至不用添加任何调料就可风味十足。非常适合忙忙碌碌上班的你，所需时间不多，不费吹灰之力便可为家人奉上这道拌饭的美味。

材料		调料	
泡萝卜	250 克	辣椒酱	25 克
小米椒	80 克	盐	3 克
五花肉	200 克	味精	1 克
蒜苗	20 克	老抽	3 毫升
干辣椒段	3 克	食用油	适量
蒜末	5 克		

食材处理

❶ 将洗净的泡萝卜切成片。

❷ 将洗好的五花肉切成片。

❸ 将洗净的蒜苗斜切成段。

做法演示

❶ 炒锅注油烧热，放入五花肉，煸炒出油。

❷ 加入老抽炒匀。

❸ 倒入蒜末、小米椒、干辣椒段，翻炒均匀。

❹ 再倒入泡萝卜，炒至熟软。

❺ 加入盐、味精调味。

❻ 放入辣椒酱，翻炒至入味。

❼ 倒入蒜苗。

❽ 翻炒至熟透。

❾ 出锅装盘即成。

食物相宜

可滋阴润燥、养胃益气

猪肉

芋头

保持营养均衡

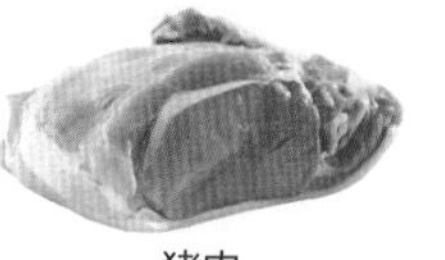

猪肉

香菇

小贴士

- 辣椒属辛辣食物，其辛辣味能增进食欲、促进消化。
- 切辣椒后可以用涂抹酒精、食醋，或热水洗手等方法去除辣味。

干锅白萝卜

5 分钟　开胃消食
辣　男性

蔬菜还是当季的最好，白萝卜无疑是冬季佳蔬。冬天的白萝卜号称“小人参”，是非常便宜又很滋补的营养食材。川菜注重口味，白萝卜和辣椒、五花肉搭配，马上化身绿林好汉的模样，每一片都蕴含着无限能量。这道极具风味的菜肴，一上桌就能立刻引来关注，随着不断加热，独特的干香气息会越来越浓，别样的关怀和感动也随之盈满心间。

材料

白萝卜	450 克
五花肉	300 克
青椒	20 克
红椒	20 克
干辣椒	2 克
姜片	5 克
蒜末	5 克
葱白	5 克

调料

盐	3 克
老抽	3 毫升
白糖	3 克
水淀粉	10 毫升
料酒	5 毫升
豆瓣酱	适量
辣椒酱	适量
鸡精	1 克
食用油	适量

食材处理

❶ 将去皮洗净的白萝卜切段，再切成片。

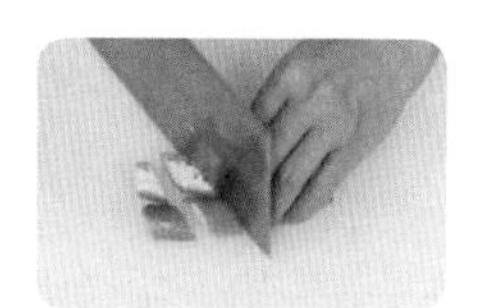

❷ 将洗净的青椒对半切开，切成片。

❸ 将洗净的红椒切成圈。

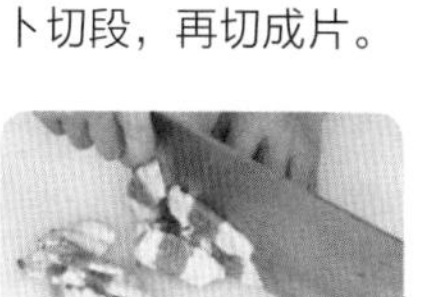

❹ 将洗好的五花肉切成片。

❺ 锅中加约 1000 毫升清水烧开，加盐和少许食用油。

❻ 倒入白萝卜拌匀，煮沸，捞出煮好的白萝卜沥干水分备用。

做法演示

❶ 用油起锅，倒入五花肉炒至出油。

❷ 加入老抽、白糖拌炒均匀。

❸ 淋入料酒炒香。

❹ 倒入姜片、蒜末、葱白、干辣椒炒匀。

❺ 加入豆瓣酱、辣椒酱炒匀。

❻ 倒入青椒和红椒拌炒均匀。

❼ 放入白萝卜。

❽ 拌炒约 1 分钟直至熟透。

❾ 倒入少许清水。

❿ 加入鸡精、盐调味，拌炒均匀使其入味。

⓫ 倒入少许水淀粉。

⓬ 快速拌炒均匀，盛入干锅中即可。

食物相宜

促进营养物质吸收

白萝卜

豆腐

缓解消化不良

白萝卜

金针菇

干锅双笋

3分钟　开胃消食
咸香　男性

多年的民间风俗造就了食材间的美味关系，即便是简单的搭配也能派生出撼人心神的味道。莴笋多汁清脆、冬笋韧劲十足，干锅双笋就将二者的味道发挥到了极致。一清新，一浓香；一脆，一软，让你一眼就爱上它，不仅是它的外形，还有它的味道。笋香与辣味的结合，散发出一种掩盖不住的鲜美，犹如人生初见的惊喜。

材料

冬笋	300克
莴笋	300克
五花肉	少许
干辣椒	20克
蒜苗段	25克
蒜末	15克
姜片	15克
青椒	25克
红椒	25克

调料

豆瓣酱	20克
辣椒酱	20克
盐	2克
味精	1克
蚝油	3毫升
水淀粉	适量
食用油	适量

食材处理

❶将洗好的冬笋切成片；将去皮洗净的莴笋切成片。

❷将洗净的青椒、红椒均去籽、切片。

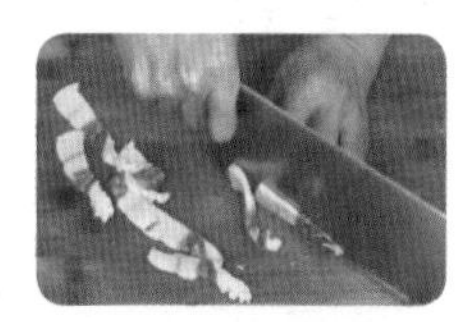

❸将洗好的五花肉切成片。

做法演示

❶炒锅注油烧热，倒入五花肉煸香。

❷加入少许蚝油炒匀上色。

❸倒入姜片、蒜末，加入豆瓣酱、辣椒酱炒匀。

❹再倒入干辣椒、青椒、红椒炒匀。

❺放入冬笋、莴笋炒匀，注入清水拌煮至熟透。

❻转小火，加盐、味精调味。

❼倒入水淀粉炒匀。

❽放入蒜苗段，用中火炒至断生。

❾盛入干锅即成。

小贴士

✪ 把挖回来的冬笋，连壳埋放到火堆中煨熟（用手捏笋发软无硬感）。煨熟后取出，放到阴凉潮湿的地方竖排放好，食用时去其外壳，切薄片，用水漂除苦味即可。用此法保存冬笋，可贮藏保鲜35～45天。

食物相宜

补虚强身、丰肌泽肤

莴笋

+

猪肉

利尿通便、降脂降压

莴笋

+

香菇

养生常识

★ 过量或经常食用莴笋，会导致夜盲症或诱发其他眼疾，不过只需停食莴笋，几天后就会好转。

土豆香肠干锅

5分钟　开胃消食
咸香　一般人群

冬天里的香肠是最好吃的，在凛冽的寒冬时品味着香肠的味道，总会让人想起家乡和妈妈的温暖，记忆中小时候的美好也必然不能缺少它。土豆最是简单纯朴，单选香肠或土豆做干锅，味道都是极好的，将二者共同烹制，香肠少了几分油腻，土豆多了几分香糯，一荤一素，格外协调的口感，不同凡响的香味，让土豆香肠干锅满分胜出！

材料

土豆	250克
香肠	100克
姜片	10克
蒜片	10克
干辣椒	6克
葱段	5克
葱白	5克

调料

高汤	适量
盐	3克
味精	1克
辣椒油	适量
蚝油	3毫升
食用油	适量

食材处理

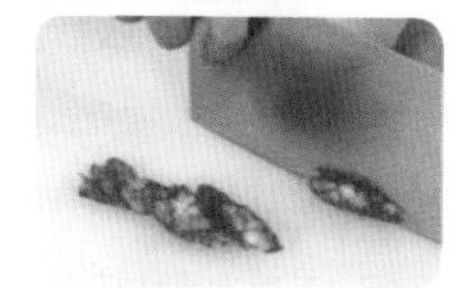

❶将香肠洗净，切片。

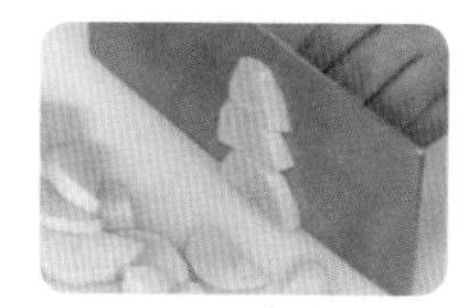

❷将土豆去皮洗净，切成片。

做法演示

❶起油锅，放入姜片、蒜片炒香。

❷倒入香肠炒匀，加干辣椒、葱白炒香。

❸倒入土豆片炒匀。

❹倒入高汤。

❺烧开后再煮 2 分钟至香肠、土豆熟透。

❻加入盐、味精、蚝油，炒匀调味。

❼淋入辣椒油拌匀。

❽撒入葱段，炒匀。

❾盛入干锅即成。

食物相宜

健脾养胃

土豆

+

蜂蜜

健脾开胃

土豆

+

辣椒

小贴士

- 土豆有润泽肌肤、保养容颜的作用。新鲜土豆汁液直接涂敷于面部，增白作用十分显著。土豆对眼周皮肤也有显著的美颜效果。将熟土豆切片，贴在眼睛上，能缓解下眼袋的浮肿症状。

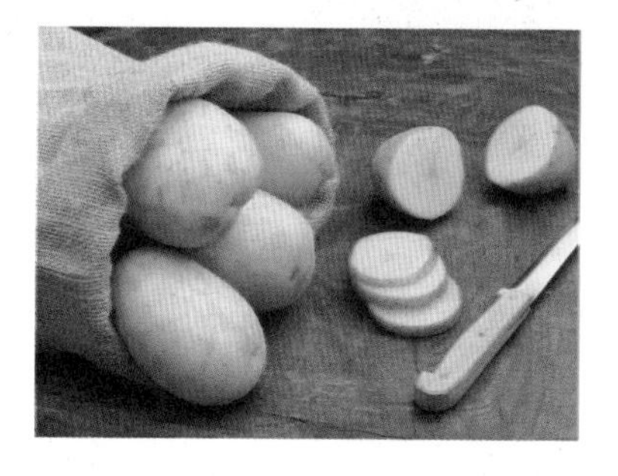

养生常识

★ 土豆具有很高的营养价值和药用价值，是抗衰老的食物。

香辣肉皮

3分钟　美容养颜
辣　女性

买肉难免有肉皮，利用肉皮来做菜，口感独特，营养丰富。香辣肉皮就是川菜里的一道快手下饭菜，略炸的猪肉皮少了一些韧劲和油腻，多了松脆的口感，其香味与爆炒过的辣椒酱融合，加上小红椒的热辣，每一口都柔软细腻又不失嚼劲，堪称米饭杀手。

材料

猪皮	150克
干辣椒	10克
蒜末	5克
姜片	5克
葱段	5克

调料

盐	2克
味精	1克
蚝油	3毫升
水淀粉	适量
糖色	适量
辣椒酱	适量
料酒	5毫升
食用油	适量

食材处理

❶将洗净的猪皮放入热水中。

❷汆煮约5分钟至熟，捞出后抹上糖色。

❸锅中注油烧热，倒入猪皮。

❹加盖，炸约1分钟。

❺揭盖，捞出沥油。

❻将猪皮切成丝。

做法演示

❶锅留底油，倒入姜片、蒜末和洗好的干辣椒爆香。

❷倒入辣椒酱拌匀。

❸倒入猪皮。

❹快速拌炒均匀。

❺淋入料酒拌匀，再加盐、味精、蚝油炒入味。

❻加入少许水淀粉，炒匀。

❼撒入葱段拌匀。

❽盛入盘内即可。

养生常识

★ 以猪皮为原料加工成的皮花肉、皮冻、火腿等肉制品，不但韧性好，色、香、味、口感俱佳，而且对人的皮肤、筋腱、骨骼、毛发都有重要的生理保健作用。

★ 猪皮味甘、性凉，有滋阴补虚、清热利咽的作用。

食物相宜

开胃消食，促进消化

猪皮

+

青椒

美容养颜

猪皮

+

红枣

美容养颜

猪皮

+

花生

豆香肉皮

3分钟 补血养颜
咸香 女性

黄豆与肉皮似乎特别投缘，这道菜中的黄豆能化解肉皮中多余的油分，肉皮软嫩弹牙，黄豆也变得更加柔韧而多汁，配上青椒、红椒的细丝，增色又增味。作为日常小炒，这道菜方便简单，健康美味，非常适合忙忙碌碌的上班族，吃起来不但口感韧劲十足，而且还有助于肌肤的光洁与细嫩。

材料

猪皮	150克
熟黄豆	150克
青椒丝	20克
红椒丝	20克
葱白	5克

调料

盐	3克
白糖	2克
味精	1克
料酒	5毫升
蚝油	3毫升
水淀粉	适量
糖色	适量
食用油	适量

食材处理

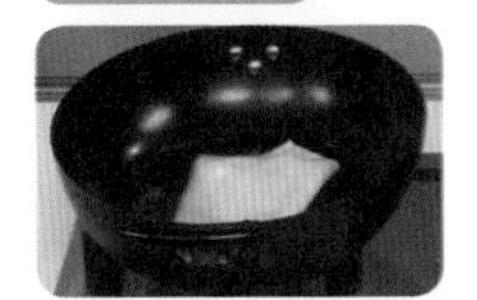

❶锅中倒入适量清水，放入猪皮汆熟。

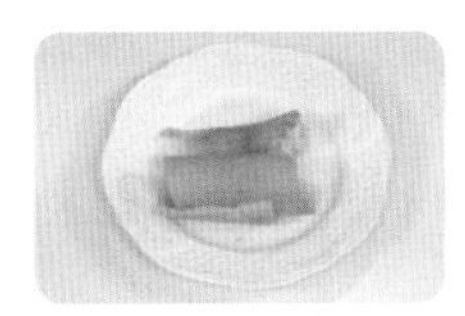

❷将猪皮捞出，装入盘中。

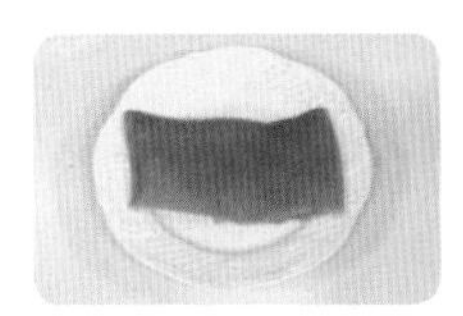

❸猪皮用糖色抹匀。

❹热锅注油，烧至四五成热，放入猪皮。

❺炸至金黄色捞出。

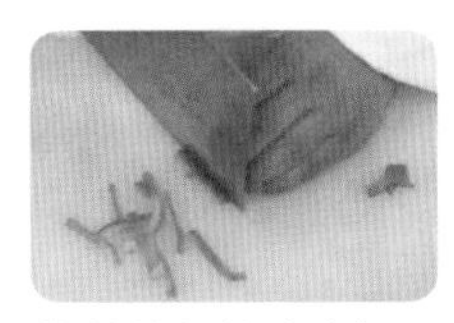

❻将炸好的猪皮切成丝。

做法演示

❶热锅注油，倒入黄豆、葱白翻炒。

❷倒入猪皮、青椒、红椒拌炒熟。

❸加盐、白糖、味精、料酒、蚝油拌匀调味。

❹加入少许水淀粉勾芡。

❺淋入少许熟油拌炒均匀，继续在锅中翻炒片刻至入味。

❻出锅盛盘即可。

小贴士

- 猪皮上面有通过检疫的蓝色印章，这种印章很难清理，用盖有印章的肉来做菜也影响食欲。可将食用碱均匀地涂抹在印章上面，几个小时后，除了印得比较深的部分，印章的痕迹的大部分都会消失。

养生常识

★ 猪皮中含有大量的胶原蛋白，能减慢机体细胞老化。尤其适宜阴虚内热，出现咽喉疼痛、低热等症的患者食用。

★ 肝部疾病、动脉硬化、高血压患者应少食或不食猪皮。

食物相宜

增强抵抗力

猪皮

+

芹菜

美容养颜

猪皮

黄豆芽

美容养颜

猪皮

花生

干锅猪肘

5分钟　增强免疫力
辣　一般人群

川菜中的花椒和辣椒让这道菜的风味突出，虽然上桌开始并不会引来过多关注，但随着加热，猪肘中的香气便会散发开来，慢慢地愈演愈烈。紧实细腻的猪肘肉除了香辣不腻以外，还有一丝甜味，麻辣过瘾的滋味在舌尖上舞动，久久不散。

材料

卤猪肘	200克
菜心	20克
干辣椒	15克
花椒	适量
姜片	5克
葱段	5克

调料

盐	2克
味精	1克
白糖	2克
蚝油	3毫升
料酒	5毫升
辣椒油	适量
豆瓣酱	适量
高汤	适量
食用油	适量

食材处理

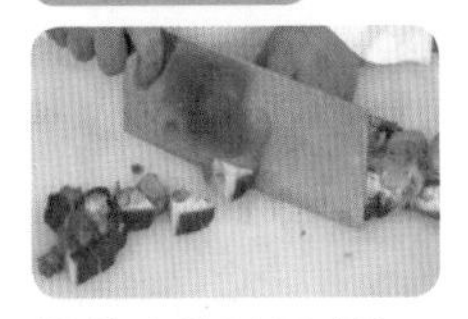
❶ 将卤猪肘切成块。

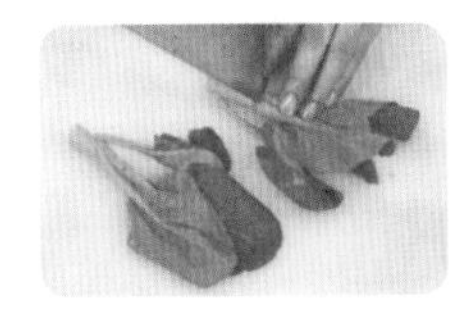
❷ 将洗好的菜心切开梗。

做法演示

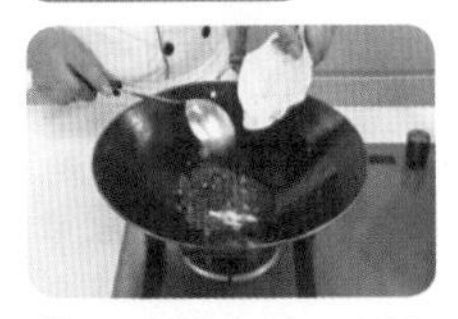
❶ 锅注油烧热，倒入干辣椒、花椒、姜片、葱段爆香。

❷ 加入豆瓣酱拌匀。

❸ 倒入猪肘翻炒片刻。

❹ 加入料酒，再倒入高汤拌炒匀。

❺ 加盖，用中火将猪肘焖煮 2 ~ 3 分钟至入味。

❻ 揭盖，加盐、味精、白糖和蚝油炒匀调味。

❼ 大火收干汁后淋入少许辣椒油。

❽ 撒入葱段，拌匀。

❾ 盛入干锅内即成。

小贴士

✪ 菜心又名菜薹，选购时要注意：开花的菜薹不好吃；薹杆里如果已经空心，这样的菜薹就有些老了；看是否容易掐断，鲜嫩的菜薹一折就断，如果老了，就不好掐断。

食物相宜

可丰胸养颜

猪肘

+

木瓜

养血生精

猪肘

+

花生

养生常识

★ 菜心富含铁质，能补血顺气、化痰下气、祛淤止带、解毒消肿，而最显著的是它活血降压的作用。

★ 菜心是时令佳蔬，味道鲜美，营养丰富，诸无所忌，一般人都可食用。

回锅猪肘

3分钟　增强免疫力
辣　一般人群

猪肘深受爱肉一族的欢迎，不论是卤猪肘、红烧猪肘、炖猪肘，还是酱猪肘等，都能做到味道恰到好处，让人回味无穷。回锅猪肘是将一般回锅肉中的五花肉替换成猪肘，整道菜多了几分香辣和滑嫩。猪肘吃起来软滑细腻，味道醇香，又带着点独特的焦香，相当过瘾。

材料

卤猪肘	160克
杭椒	25克
蒜末	5克
朝天椒末	10克

调料

盐	2克
蚝油	3毫升
味精	1克
料酒	5毫升
水淀粉	适量
豆瓣酱	适量
食用油	适量

食材处理

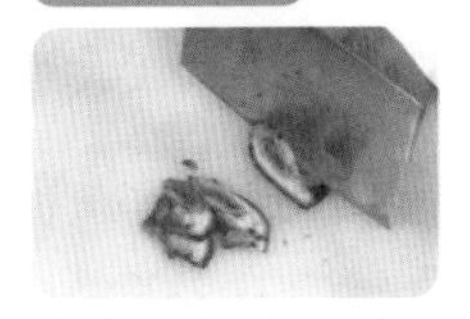

❶ 将卤猪肘切成片。

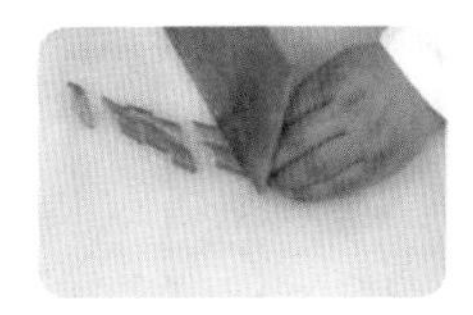

❷ 将洗好的杭椒切成片。

做法演示

❶ 热锅注油，倒入猪肘翻炒片刻。

❷ 倒入蒜末、朝天椒末拌炒匀。

❸ 加入豆瓣酱，炒香。

❹ 淋入料酒拌匀。

❺ 再倒入杭椒拌炒至熟。

❻ 加盐、蚝油炒匀。

❼ 再加味精、水淀粉。

❽ 炒至入味。

❾ 盛盘即可。

食物相宜

丰胸养颜

猪肘

+

木瓜

养血生精

猪肘

+

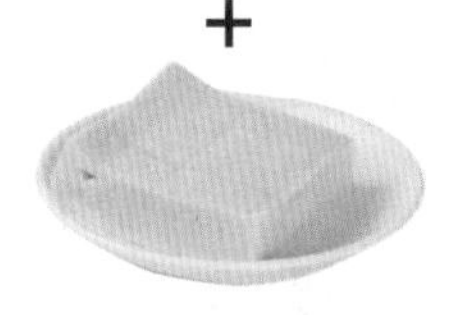

豆腐

小贴士

✪ 切割猪肘时皮面要留长一点，猪肘的皮面含有丰富的胶质，加热后收缩性较大，而肌肉组织的收缩性则较小，因此皮面要适当地留长一点，这样加热后皮面收缩，恰好包裹住肌肉又不至于脱落，菜肴形体整齐美观。

养生常识

★ 猪肘营养很丰富，含较多的胶原蛋白，和肉皮一样，是保持肌肤丰满、润泽，强体增肥的食疗佳品。

★ 猪肘味甘、咸，性平；有和血脉、润肌肤、填肾精、健腰脚的作用。

★ 湿热痰滞内蕴者慎食猪肘；肥胖、血脂较高者不宜多食。

尖椒烧猪尾

18 分钟　增强免疫力
咸香　一般人群

对不少人来说，猪尾是不常用的一种食材，其实它含有许多胶原蛋白，营养丰富。陌生的食材会给厨房新手带来压力，其实尖椒烧猪尾做起来并不复杂。猪尾清理干净后汆熟，放入油锅中炒、焖，只要功夫下到实处，一样能做出香浓的味道。猪尾还是个自来熟，很快会成为你的“朋友”，味道、口感绝不辜负你的付出。当然，如果有时间，将猪尾先卤好，加尖椒炒香后味道也很不错。

材料

猪尾	300 克
青椒	60 克
红椒	60 克
姜片	3 毫升
蒜末	3 毫升
葱白	3 毫升

调料

蚝油	3 毫升
老抽	5 毫升
味精	1 克
盐	2 克
水淀粉	适量
白糖	2 克
料酒	5 毫升
辣椒酱	适量
食用油	适量

食材处理

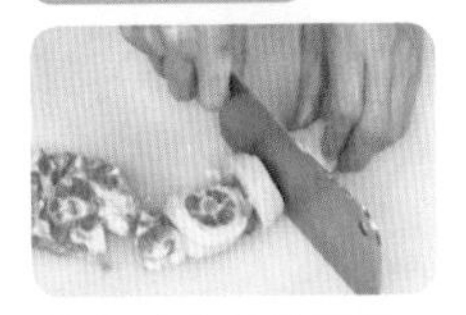

❶ 将洗净的猪尾斩成块。

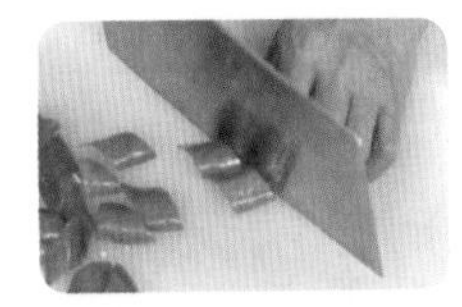

❷ 将洗净的青椒切成片。

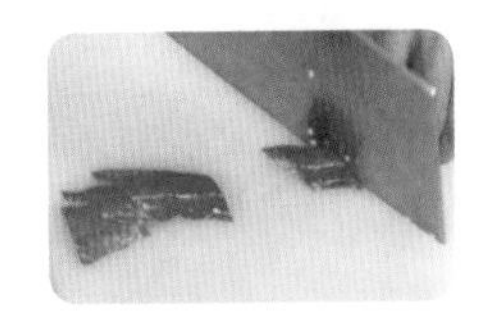

❸ 将洗净的红椒切成片。

做法演示

❶ 锅中加水，加入料酒烧开，再倒入猪尾。

❷ 汆至断生后捞出。

❸ 起油锅，放入姜片、蒜末、葱白煸香。

❹ 再放入猪尾。

❺ 加料酒炒匀，再倒入蚝油、老抽炒匀。

❻ 加入少许清水。

❼ 加盖用小火焖煮15 分钟。

❽ 揭盖，加入辣椒酱拌匀，焖煮片刻。

❾ 加入味精、盐、白糖炒匀调味。

❿ 倒入青椒、红椒片拌炒均匀。

⓫ 用水淀粉勾芡，淋入熟油，拌炒均匀。

⓬ 出锅后盛入盘中即成。

养生常识

★ 猪尾有补肾、益骨髓的作用。

★ 猪尾含有丰富的蛋白质和胶原蛋白，对丰胸、美容很有效果。

食物相宜

催乳

猪尾

花生

壮腰健肾

猪尾

杜仲

活血解毒

猪尾

黑豆

辣子肥肠

3分钟　增进食欲
辣　一般人群

现在的人们越来越偏爱重口味菜肴，以“辣”闻名的辣子肥肠深受欢迎。将肥肠切成小段，与丰富的姜、蒜、辣椒充分混合翻炒，利用大火提炼出肥肠的香气和油脂，到肥肠有一点点干的时候，吃起来就变得不油不腻，满口留香。这道菜丰富的辣椒代表着热情和能量，又香又辣让你过足瘾。

材料

肥肠	400克
青椒	20克
红椒	20克
干辣椒	5克
姜片	5克
蒜末	5克
葱白	5克

调料

食用油	适量
盐	3克
老抽	3毫升
生抽	3毫升
料酒	3毫升
味精	1克
鸡精	1克
辣椒酱	适量
辣椒油	适量
水淀粉	适量

食材处理

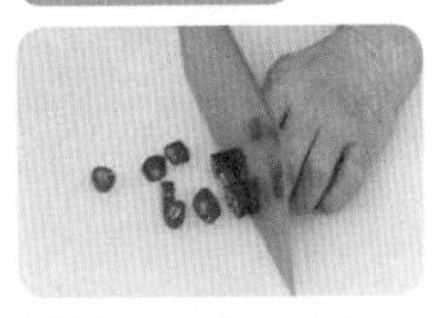
❶ 将洗净的青椒切成圈。

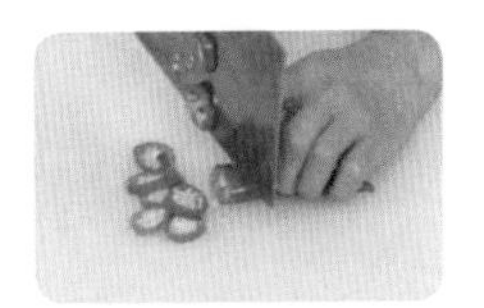
❷ 将洗净的红椒切成圈。

❸ 将洗净的肥肠切成块。

做法演示

❶ 锅中倒油，烧至五成热，倒入姜片、蒜末、葱白爆香。

❷ 倒入干辣椒炒香。

❸ 倒入肥肠炒约 1 分钟至熟。

❹ 加入老抽、生抽、料酒，炒至入味。

❺ 倒入青椒、红椒。

❻ 淋入辣椒酱、辣椒油。

❼ 加盐、味精、鸡精。

❽ 炒片刻至入味。

❾ 加入少许水淀粉勾芡。

❿ 翻炒均匀。

⓫ 盛入盘内即可。

食物相宜

美容养颜

青椒

苦瓜

开胃

青椒

鳝鱼

养生常识

★ 猪肠头煮香蕉树芯，治痔疮、脱肛。

★ 猪肠与黄酒煮食，治乳少。

泡椒肥肠

3分钟　益气健脾
辣　一般人群

泡椒不一定要配凉拌菜，用来炒肉菜也是不错的，肥肠就是它的“好搭档”。泡椒肥肠将肥肠的脆嫩和泡椒的香辣完美地融合在一起，丝毫感觉不到肥肠的油腻，泡椒的香辣则充斥着味蕾。面对如此佳肴，你一定会全然不顾吃相地狼吞虎咽，这道菜绝对有让你再来一碗米饭的魅力。

材料		调料	
熟大肠	300克	盐	3克
灯笼泡椒	60克	水淀粉	10毫升
蒜梗	30克	鸡精	3克
干辣椒	5克	老抽	3毫升
姜片	5克	白糖	3克
蒜末	5克	食用油	适量
葱白	5克	料酒	5毫升

食材处理

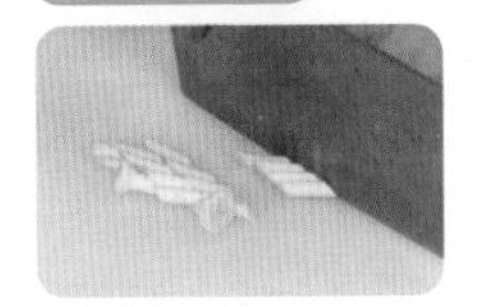

① 将洗净的蒜梗切成2 厘米长的段。

② 将灯笼泡椒洗净，对半切开。

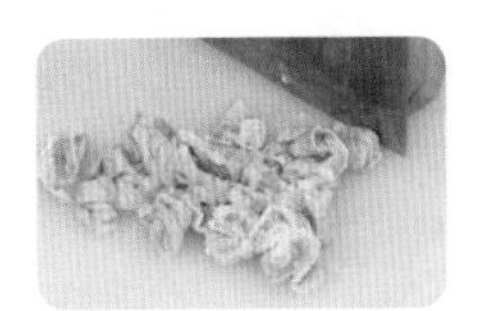

③ 将熟大肠切成块。

做法演示

① 用油起锅，倒入姜片、蒜末、葱白爆香。

② 倒入切好的猪大肠翻炒均匀。

③ 倒入干辣椒翻炒炒匀。

④ 加老抽、料酒炒香，去腥。

⑤ 倒入准备好的灯笼泡椒。

⑥ 加入切好备用的蒜梗。

⑦ 加盐、白糖、鸡精炒匀调味。

⑧ 加水淀粉勾芡，加少许熟油炒匀。

⑨ 盛出装盘即可。

小贴士

- 质量好的辣椒表皮有光泽，无破损，无皱缩，形态丰满，无虫蛀。
- 姜可存放在阴凉潮湿处，或埋入湿沙内，防冻。

养生常识

★ 大蒜梗一把，茄子梗一把，煎水洗可治冻疮。

★ 辣椒可防治坏血病，对牙龈出血、贫血、血管脆弱有辅助治疗作用。

★ 姜可以去腥膻，增加食品的鲜味。嫩生姜与老生姜的不同：做酱菜都用嫩姜，药用以老姜为佳。

食物相宜

增强免疫力

猪肠

+

香菜

健脾开胃

猪肠

+

豆腐

红油拌肚丝

12 分钟 增强免疫力
辣 一般人群

这道菜色泽红亮，香辣诱人，猪肚的口感爽脆，味道层层叠叠地袭来，脆、辣、鲜、香，只是一口，就足以让你印象深刻。这就是红油拌肚丝的魅力。这道菜的味道极富层次感，一下就能抓住你的胃，让你忍不住一尝再尝。

材料

熟猪肚	200 克
红椒丝	20 克
蒜末	5 克

调料

盐	3 克
鸡精	1 克
辣椒油	适量
鲜露	适量
生抽	3 毫升
味精	1 克
白糖	2 克
老抽	3 毫升
芝麻油	适量

做法演示

❶ 锅中加 1500 毫升清水烧开，加入少许鲜露。

❷ 倒入洗净的猪肚。

❸ 加入生抽、味精、白糖、老抽。

❹ 加盖，慢火煮 10 分钟入味。

❺ 将煮好的猪肚盛出，晾凉。

❻ 把猪肚切成丝。

❼ 将猪肚丝盛入碗中，再加入红椒丝、蒜末。

❽ 加入盐、鸡精、辣椒油，拌匀。

❾ 加少许芝麻油。

❿ 将材料用筷子拌均匀。

⓫ 将拌好的猪肚丝盛入盘中即成。

小贴士

- 猪肚适于爆、烧、拌，也是做什锦火锅的原料，也可将猪肚煮烂后，再用其他烹饪方法制做。
- 新鲜的猪肚呈白色略带浅黄，质地坚挺厚实，有光泽，有弹性，黏液较多，但无异味。
- 猪肚可用盐腌好，放于冰箱保存。

食物相宜

补气血、增强免疫力

猪肚

黄芪

养生常识

★ 猪肚为猪的胃，具有治虚劳羸弱、泄泻、下痢、消渴、小便频数、小儿疳积的作用。

★ 猪肚适宜中气不足、气虚下陷、男子遗精、女子带下者食用；也适宜体虚之人、小便颇多者食用。

蒜泥腰花

2分钟　保肝护肾
鲜　男性

爽脆鲜嫩的腰花与咸鲜醇香的蒜泥汁搭配得天衣无缝，每一片都带着浓浓的汤汁，吃起来鲜嫩香脆，口感细腻，尽显川菜的活泼。未见其形先闻其香，这道菜没有肉的油腻，却多了几分清爽。猪腰还有补肾养肾的作用，尤其是怀孕的妈妈们，来几片鲜香爽口的蒜泥腰花，绝对是个好选择。

材料

猪腰	300克
蒜末	5克
葱花	5克

调料

盐	3克
味精	1克
芝麻油	适量
生抽	5毫升
白醋	3毫升
料酒	5毫升

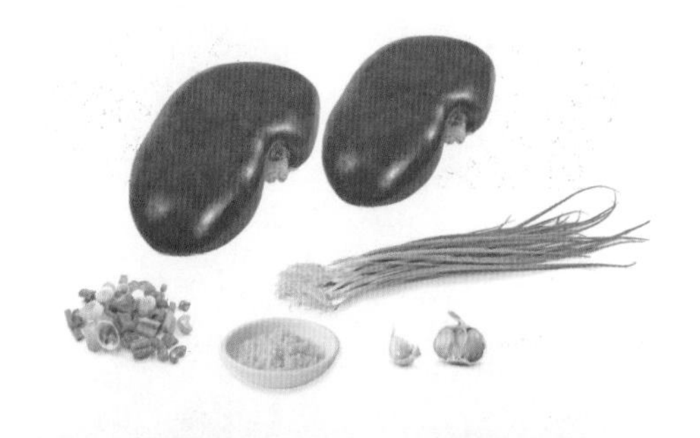

食材处理

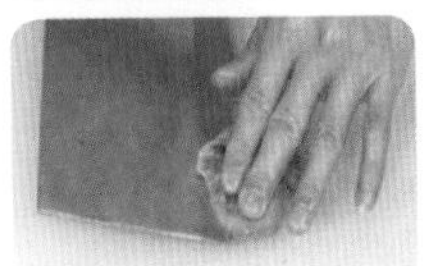
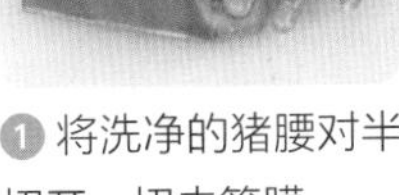

❶ 将洗净的猪腰对半切开，切去筋膜。

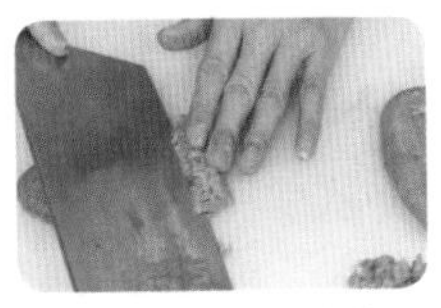

❷ 将猪腰切麦穗花刀，再切片。

❸ 将切好的腰花放入清水中，加白醋洗净。

❹ 腰花装入碗中，加料酒、盐、味精拌匀，腌渍 10 分钟。

❺ 锅中加清水。

❻ 烧开，倒入腰花。

❼ 加入适量料酒去除腰花腥味，再煮约 1 分钟至熟。

❽ 捞出煮好的腰花。

做法演示

❶ 腰花盛入碗中，加蒜末、盐、味精。

❷ 加入少许芝麻油拌匀。

❸ 加入生抽、葱花，搅拌均匀。

❹ 将拌好的腰花摆入盘中。

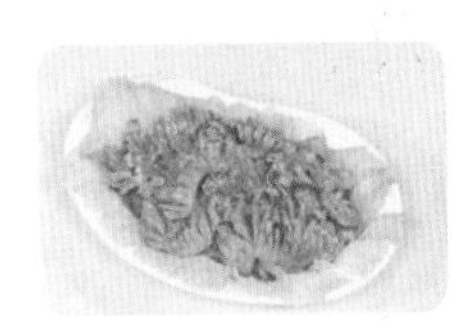

❺ 浇上碗底的味汁即可食用。

食物相宜

补肾润燥

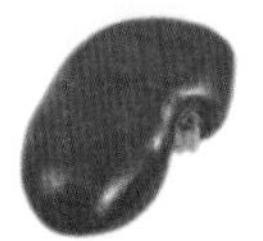

猪腰

豆芽

补肾利尿

猪腰

竹笋

泡椒腰花

3分钟　补肾壮阳
辣　男性

爱吃，如同好好活着一样，是一种追求。喜欢美味的人，一定是热爱生活的人。泡椒腰花的做法虽然简单，但也需要用心。猪腰一定要煮得脆嫩，剁椒要切得细碎。两者放到一起，在泡椒的辅助下，腰花无丝毫腥味，脆嫩可口。这道菜特别适合夏天吃，下酒佐餐都不错。

材料

猪腰	300 克
泡椒	35 克
红椒圈	20 克
蒜末	5 克
姜末	5 克

调料

盐	3 克
味精	2 克
料酒	5 毫升
辣椒油	适量
花椒油	适量
淀粉	适量

食材处理

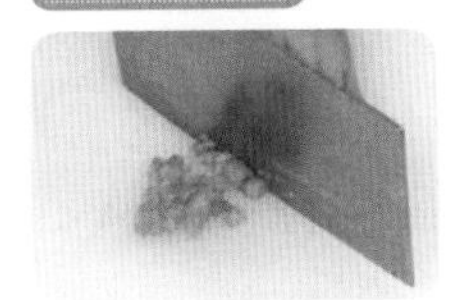

❶ 洗净的泡椒切碎。

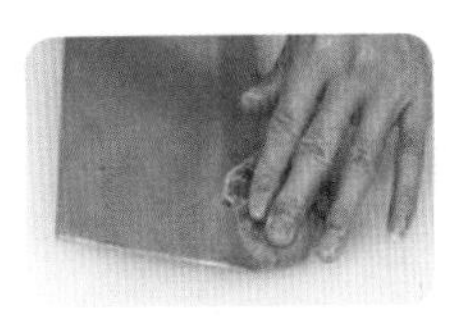

❷ 将洗净的猪腰对半切开，切去筋膜。

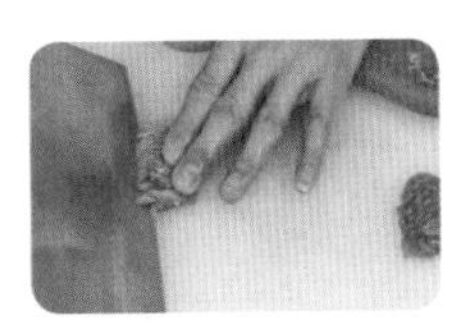

❸ 将猪腰切上麦穗花刀，然后改切成片。

❹ 将腰花盛入碗中，加料酒、盐、味精拌匀。

❺ 加少许淀粉拌匀，腌渍 10 分钟。

做法演示

❶ 锅中加清水烧开，倒入腰花煮约 1 分钟至熟。

❷ 将煮熟的腰花捞出。

❸ 将腰花装入碗中。

❹ 加盐、味精、泡椒。

❺ 加入红椒圈、蒜末、姜末、辣椒油。

❻ 用筷子充分拌匀。

❼ 淋上花椒油，充分拌匀。

❽ 将拌好的腰花盛入盘中即可。

食物相宜

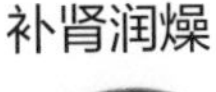

补肾润燥

猪腰

+

豆芽

补肾补虚

猪腰

+

韭菜

养生常识

★ 猪腰有补肾气、通膀胱、消积滞、止消渴的作用。

★ 猪腰可辅助治疗肾虚所致的腰酸痛、肾虚遗精、小便不利。

酸辣腰花

3分钟　补肾壮阳
酸辣　一般人群

在所有的口味中，酸辣最为讨巧，不论是清素食材还是荤腥肉类，这种味道都深受人们喜爱。煮熟的腰花与热情的酸辣汁天然融合，爽脆可口，酸辣开胃，让你一吃起来便不舍得停下。做菜者最大的幸福，就是看别人大口大口地把菜吃进嘴里，这比自己动筷子更有成就感。

材料

材料	用量
猪腰	200克
蒜末	5克
青椒末	20克
红椒末	5克
葱花	5克

调料

调料	用量
盐	4克
味精	2克
料酒	5毫升
辣椒油	适量
陈醋	3毫升
白糖	2克
淀粉	适量

食材处理

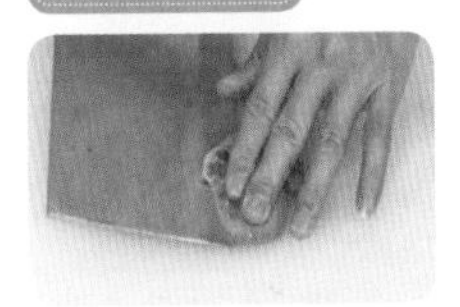

❶ 将洗净的猪腰对半切开，切去筋膜。

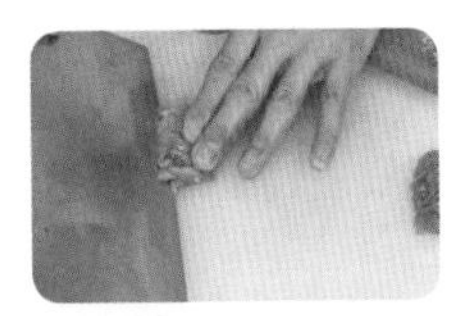

❷ 将猪腰切上麦穗花刀，改切成片，装碗备用。

❸ 加料酒、味精、盐、淀粉拌匀，腌渍 10 分钟。

做法演示

❶ 锅中加清水烧开，倒入腰花拌匀。

❷ 煮约 1 分钟至熟。

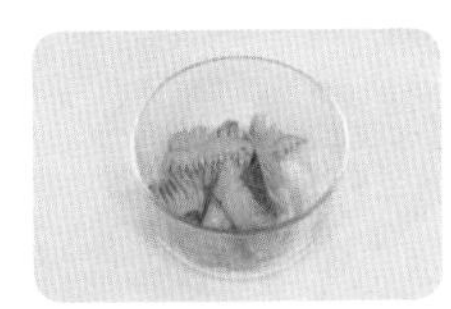

❸ 将煮熟的腰花捞出，盛入碗中。

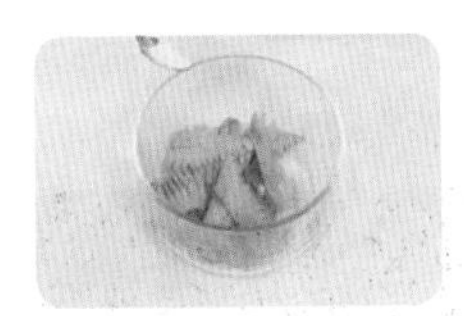

❹ 在腰花中加入盐、味精。

❺ 加辣椒油、陈醋。

❻ 加入白糖、蒜末、葱花、青椒末、红椒末。

❼ 将腰花和调料充分拌匀。

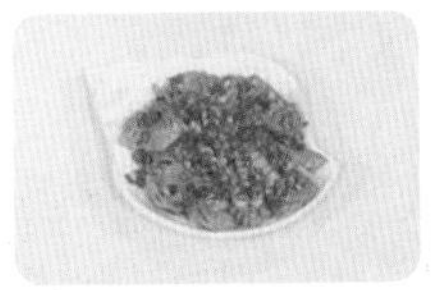

❽ 将拌好的腰花装盘即可。

小贴士

- 大蒜可生食、捣泥食、煨食、煎汤饮，或捣汁外敷、切片炙穴位。
- 发了芽的大蒜食疗效果甚微，腌渍大蒜不宜时间过长，以免破坏有效成分。

养生常识

★ 陈醋不但是调味佳品，更可供药用，对高血压具有一定的辅助治疗作用。

食物相宜

补肾利水

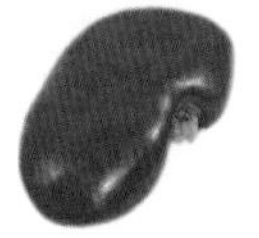

猪腰

洋葱

滋补身体

猪腰

山药

补肾益气

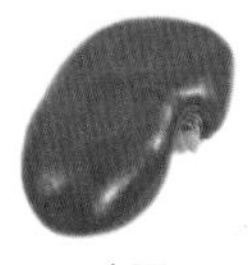

猪腰

+

大葱

椒油浸腰花

5分钟　开胃消食
麻辣　一般人群

椒油浸腰花总是能勾起人无限的食欲，辣椒加花椒，麻辣香浓，令人胃口大开。吃多了清淡小炒，来一份香气四溢的椒油浸腰花也未尝不是个好选择。炒腰花就像过日子，绝对不能过火，只有掌握适度松紧，拿捏准火候，给予足够空间，味道才能更趋完美，引人入胜。

材料

猪腰	200克
娃娃菜	100克
花椒	15克
青椒	20克
蒜末	5克
姜片	5克
葱段	5克

调料

味精	1克
盐	3克
料酒	5毫升
豆瓣酱	适量
水淀粉	适量
花椒油	适量
淀粉	适量
食用油	适量

食材处理

①将洗净的青椒对半切开，再切成片。

②将洗好的娃娃菜切块。

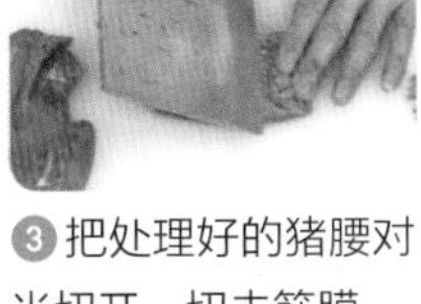

③把处理好的猪腰对半切开，切去筋膜，打上麦穗花刀，切片。

④猪腰加入料酒、盐、味精拌匀。

⑤撒上淀粉拌匀。

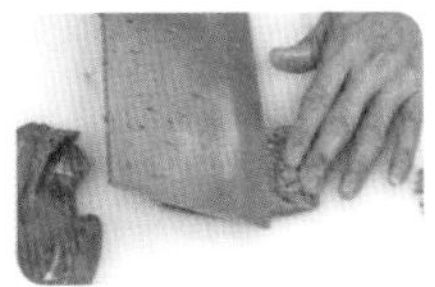

⑥锅中加清水烧开，放盐、食用油。

⑦倒入娃娃菜煮约 1 分钟。

⑧捞出娃娃菜装入碗中备用。

⑨锅中加清水烧热，放猪腰，煮沸后捞出。

做法演示

①用油起锅，加蒜末、姜片、葱段、青椒。

②倒入猪腰，调入料酒炒匀。

③放豆瓣酱炒至熟。

④加少许清水煮沸，放味精、盐调味。

⑤倒入少许水淀粉勾芡，加熟油拌匀。

⑥出锅盛入装娃娃菜的碗内。

⑦锅中倒入适量花椒油，再倒入花椒爆香。

⑧将熟油浇在猪腰上即可。

食物相宜

促进钙的吸收

花椒

四季豆

滑中行气

花椒

豆腐

酱烧猪舌

3分钟　滋阴润燥
辣　女性

这道色彩丰富的酱烧猪舌散发着诱人的香气，品尝过程中，每一口都会带给你意外的惊喜。猪舌吃起来比较有嚼劲，急火快炒的猪舌鲜嫩无比，酱烧后猪舌的味道酱香十足、鲜辣可口，是很好的下饭菜。现在，就让你的唇舌也随着这斑斓色彩和阵阵香味一起跳舞吧！

材料

熟猪舌	300克
蒜苗段	20克
姜片	5克
干辣椒	3克

调料

盐	2克
味精	1克
白糖	2克
料酒	适量
柱侯酱	适量
蚝油	3毫升

食材处理

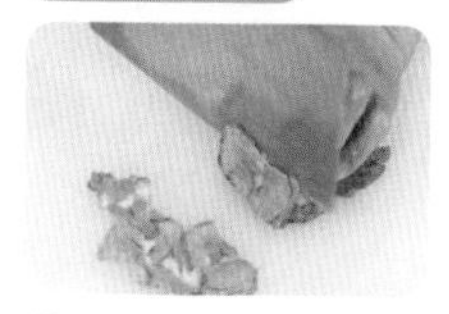

❶ 将洗净的熟猪舌切成片。

❷ 将切好的猪舌装入盘中备用。

做法演示

❶ 热锅注油，入姜片、蒜苗梗和洗好的干辣椒，爆香。

❷ 倒入猪舌。

❸ 加料酒拌炒片刻。

❹ 加入柱侯酱、蚝油。

❺ 拌炒均匀。

❻ 倒入蒜苗叶，拌炒均匀。

❼ 加入盐、味精、白糖。

❽ 快速炒匀使其充分入味。

❾ 盛出装盘即可。

食物相宜

开胃消食，促进消化

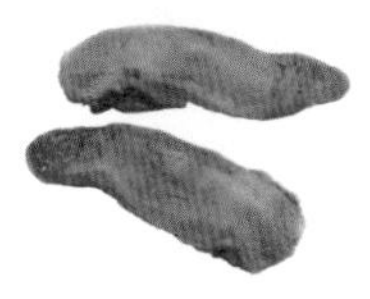

猪舌

黄瓜

有助于增强体质

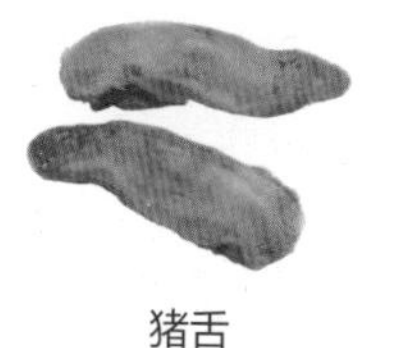

猪舌

芝麻

小贴士

- 猪舌在烹饪前一定要刮净舌苔，可用沸水先烫一下，再用小刀刮净。
- 选购猪舌时，一定要挑舌心大一点的。

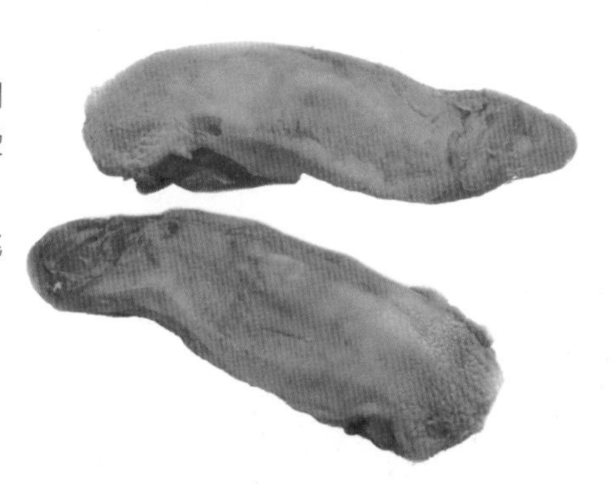

养生常识

★ 猪舌含有丰富的蛋白质、维生素A、烟酸、铁、硒等营养成分，具有滋阴润燥的作用，可辅助治疗脾虚食少、四肢羸弱等症。脾胃虚寒腹泻者不宜食用猪舌头。

干煸羊肚

4分钟 健脾养胃
辣 一般人群

川菜中的干煸，煸出了食物中多余的水分，汇集的香味变得格外浓郁。任何食物经过干煸都会变得味道浓烈，于本味中生出特别的滋味，羊肚也不例外。干煸羊肚一出锅，干辣浓香的味道立即迷倒了一群人。这样一盘干干爽爽、不老不嫩、又香又酥的肚丝，让人找不到拒绝的理由。

材料	
熟羊肚	200克
干辣椒	20克
花椒	5克
生姜片	5克
葱段	5克

调料	
盐	3克
味精	1克
料酒	5毫升
蚝油	3毫升
豆瓣酱	适量
辣椒油	适量
食用油	适量

做法演示

❶ 熟羊肚切丝。

❷ 锅中注油，烧热，倒入姜片、葱白爆香。

❸ 倒入洗好的花椒、干辣椒拌炒均匀。

❹ 倒入豆瓣酱炒香。

❺ 倒入切好的熟羊肚翻炒片刻。

❻ 加入盐、味精、料酒、蚝油炒 1 分钟至入味。

❼ 撒入葱叶拌炒均匀。

❽ 淋入少许辣椒油拌匀。

❾ 出锅盛入盘中即可食用。

小贴士

- 挑选羊肚时，应首先看色泽是否正常。
- 其次（也是主要的）看羊肚的胃壁和胃的底部有无出血块或坏死的发紫发黑组织，如果有较大的出血面就是病羊肚。
- 最后闻有无臭味和异味，若有就是病羊肚或变质羊肚。
- 优质蚝油应呈半流状，稠度适中。久贮无分层或淀粉析出沉淀现象。

养生常识

★ 羊肚性温味甘，可补虚健胃，治虚劳不足、手足烦热、尿频多汗等症。

★ 一般人群均可食用羊肚，尤其适宜体质羸弱、虚劳衰弱之人。

★ 羊肚补虚，健脾胃。治虚劳羸弱、不能饮食、消渴盗汗、尿频。

★ 蚝油富含牛磺酸，牛磺酸具有防癌抗癌、增强人体免疫力等多种保健功能。

★ 蚝油含有丰富的微量元素和多种氨基酸，可以用于补充各种氨基酸及微量元素，其中主要含有丰富的锌元素，是缺锌人士的首选膳食调料。

食物相宜

治疗脾胃虚弱

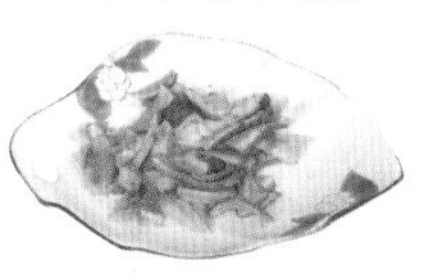

羊肚

山药

健脾养胃

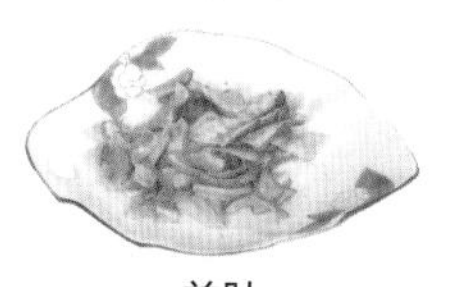

羊肚

葱

香辣狗肉煲

36分钟　补肾助阳
辣　男性

大块的狗肉和火红的辣椒，长久地炖煮出浓郁的香，怎不叫人食欲大开！在单调的冬日里，火红的辣椒总能令人兴奋，那种热辣的感觉扑面而来，想来任何人都找不到拒绝的理由。该道菜也可用羊肉替代，味道也是极好的。

材料

狗肉	300克
八角	3克
桂皮	3克
干辣椒	5克
青椒片	20克
红椒片	20克
蒜苗段	20克
姜片	5克
蒜末	5克

调料

盐	3克
味精	1克
蚝油	3毫升
水淀粉	适量
辣椒油	适量
料酒	5毫升
豆瓣酱	适量
食用油	适量

做法演示

❶起油锅，倒入处理干净的狗肉炒干水分。

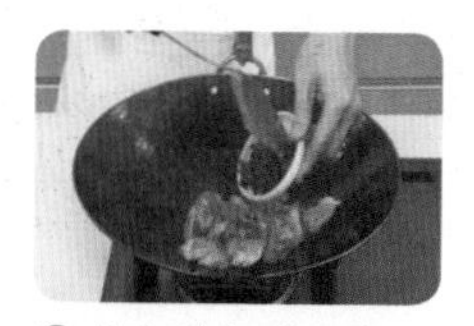
❷放入洗好的八角、桂皮、干辣椒。

❸加入姜片和蒜末，炒出香味。

❹加豆瓣酱拌匀，再淋入少许料酒拌匀。

❺倒入适量清水、辣椒油拌匀。

❻加盖用慢火焖 30 分钟。

❼待狗肉熟烂，大火收汁，加盐、味精、蚝油调味。

❽倒入切好备用的青椒片、红椒片。

❾加入准备好的水淀粉勾芡。

❿撒入蒜苗段拌匀，炒匀至入味。

⓫转至煲仔锅，中火烧开。

⓬关火，端出即成。

小贴士

- 色泽鲜红、发亮，且水分充足的为新鲜狗肉；颜色发黑、发紫、肉质发干者，为变质狗肉。
- 狗肉应放置于阴凉干燥避光处，冷藏更佳。

食物相宜

壮阳补肾

狗肉

豆腐

补益五脏

狗肉

黑芝麻

养生常识

★ 狗肉不仅蛋白质含量高，而且蛋白质质量极佳，对增强机体抵抗力有明显作用。

第4章

禽蛋的绝对诱惑

与其他食物相比，鸡肉、鸭肉等禽蛋类食物是公认的营养食物，含有丰富的蛋白质、铁、钙等营养物质，是补充人体营养的重要食物源。在注重口味的川菜中，这类食物也占据重要位置，宫保鸡丁、芽菜碎米鸡、板栗辣子鸡、泡椒鸡胗……无一不独具特色，不管是街边小店、家庭餐桌，还是高大上的酒店，都能找到它们的身影。

辣子鸡丁

4 分钟　增强免疫力
辣　一般人群

就像四川人的热情，辣子鸡丁红红火火，辣得过瘾，香味入骨。干辣椒不是主料胜似主料，充分体现了川味厨师“下手重”的特点。经四川厨师精心改良后，这道菜口味更富有特色，要颜色有颜色，要口感有口感，绝对诱人！

材料

鸡胸肉	300 克
干辣椒	2 克
蒜头	15 克
生姜块	15 克

调料

盐	5 克
味精	5 克
鸡精	6 克
料酒	3 毫升
淀粉	适量
辣椒油	适量
花椒油	适量
食用油	适量

食材处理

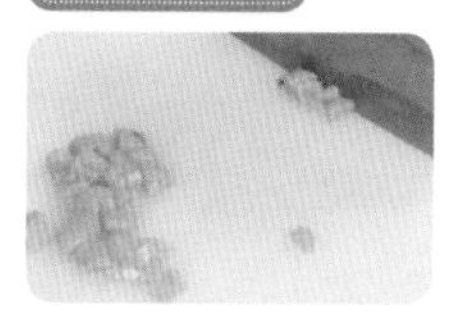

❶将洗净的鸡胸肉切成丁，装入碗中。

❷加入少许盐、味精、鸡精、料酒拌匀。

❸加淀粉拌匀，腌渍10分钟入味。

❹热锅注油，烧至六成熟，倒入鸡丁。

❺搅散，炸至金黄色捞出。

做法演示

❶另起锅，注油烧热，倒入姜块、蒜头炒香。

❷倒入干辣椒拌炒片刻。

❸倒入鸡丁炒匀。

❹加入盐、味精、鸡精，炒匀调味。

❺加少许辣椒油、花椒油炒匀至入味。

❻盛出装盘即可。

养生常识

★ 老人、孕妇、生病体弱者很适宜食用鸡胸肉。肥胖或胃肠较弱、动脉硬化者，也可以适当多吃鸡胸肉。

★ 感冒发热、内火偏旺、痰湿偏重之人或患有热毒疖肿之人，则要忌食鸡胸肉。

食物相宜

补五脏、益气血

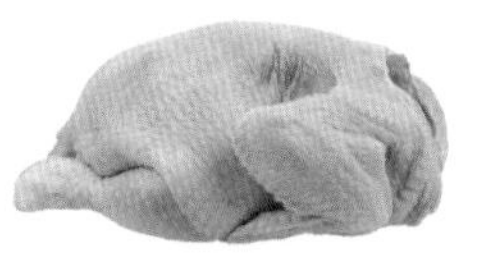

鸡肉

+

枸杞子

生津止渴

鸡肉

+

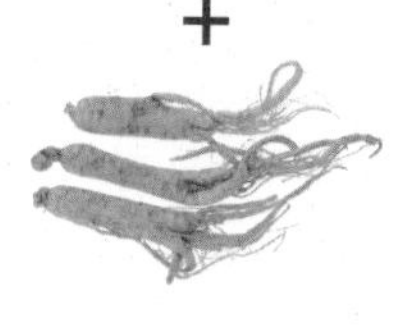

人参

芽菜碎米鸡

5分钟 | 增强免疫力
辣 | 一般人群

清新、亲切、熟悉，就是让人魂牵梦萦的家的味道，酸甜辣咸鲜五味俱全，吃起来踏实而满足。芽菜碎米鸡中有嫩嫩的鸡丁、清香的芽菜、香辣的尖椒，非常开胃下饭。各种材料切得细碎，味道的融合更趋于完美，赋予了这道不起眼的小菜独特的魅力。

材料

鸡胸肉	150克
芽菜	150克
生姜末	5克
葱末	5克
辣椒末	10克

调料

盐	2克
料酒	5毫升
水淀粉	适量
味精	1克
白糖	2克
食用油	适量

食材处理

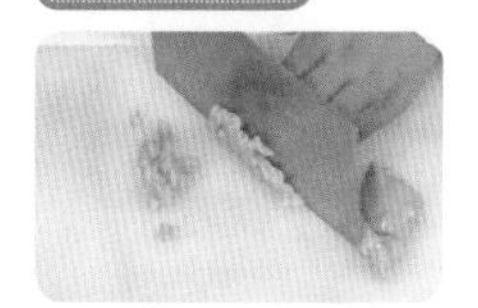

❶把洗净的鸡胸肉切成丁。

❷盛入碗中。

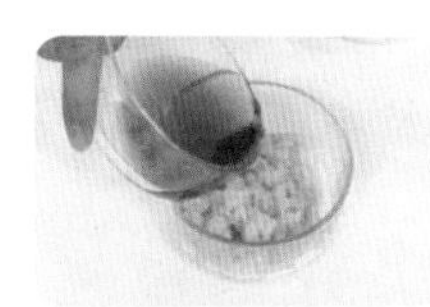

❸加入适量的盐、料酒。

❹倒入少许水淀粉拌匀。

❺锅中倒入少许清水烧开，再倒入切好的芽菜。

❻焯熟后捞出备用。

做法演示

❶热锅注油，倒入鸡丁翻炒约3分钟至熟透。

❷放入姜末、辣椒末、葱末。

❸倒入芽菜翻炒均匀。

❹加味精、白糖调味。

❺撒入余下的葱末拌匀。

❻盛出装盘即成。

小贴士

- 选购时，要注意鸡胸肉的外观、色泽、质感。一般来说，质量好的鸡肉颜色白里透红，有亮度，手感光滑。
- 鸡胸肉在肉类食品中是比较容易变质的，所以购买之后要马上放进冰箱，可以在稍微迟一些的时候食用。

食物相宜

增强食欲

鸡肉

+

柠檬

降低心血管疾病发病率

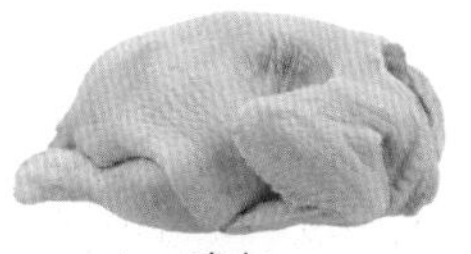

鸡肉

+

绿豆芽

麻酱拌鸡丝

2分钟　益气补血
辣　孕产妇

白的嫩、红的辣、绿的鲜——麻酱拌鸡丝三色美味交相呼应，相映成趣。淡中有辣、淡中有香，是吃过这道菜后口舌的感觉。虽没有麻辣的劲爆，却以鲜咸适宜、清淡爽口的气息将味蕾唤醒，然后在舌尖上交融，最终以一种温婉打动你的胃。这感觉只有亲自制做，才更懂其中的美妙。

材料

鸡胸肉	200克
生姜	30克
红椒	15克
葱	10克

调料

盐	3克
鸡精	1克
芝麻酱	10克
芝麻油	适量
料酒	5毫升

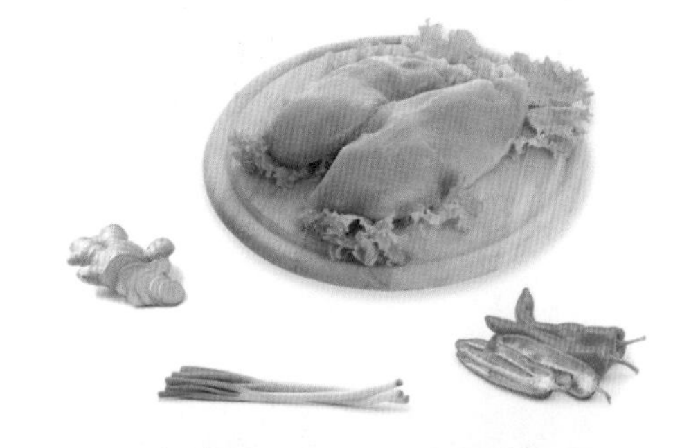

食材处理

❶ 锅中加约 1000 毫升清水烧开，放入鸡胸肉。

❷ 加少许料酒后加盖烧开。

❸ 将鸡胸肉煮 10 分钟至熟后捞出。

❹ 放入碗中待凉。

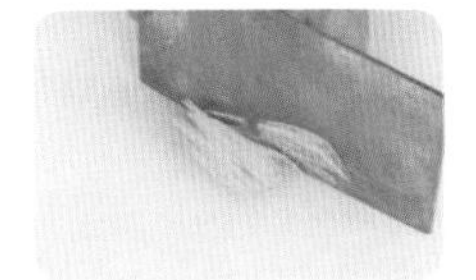

❺ 将去皮洗净的生姜切成丝。

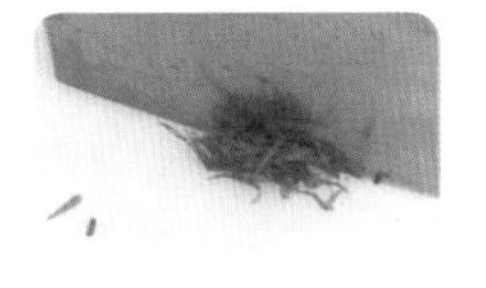

❻ 将洗净的葱切成丝。

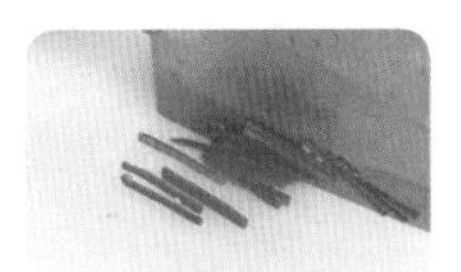

❼ 将洗净的红椒切开，去籽，切成丝。

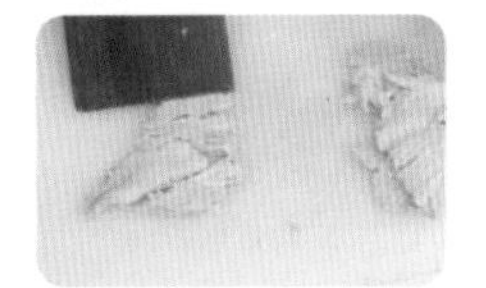

❽ 将鸡胸肉拍松散。

❾ 用手将鸡胸肉撕成丝。

做法演示

❶ 将鸡肉丝盛入碗中，加入红椒丝、姜丝、葱丝。

❷ 加盐、鸡精、芝麻酱调味。

❸ 搅拌至入味。

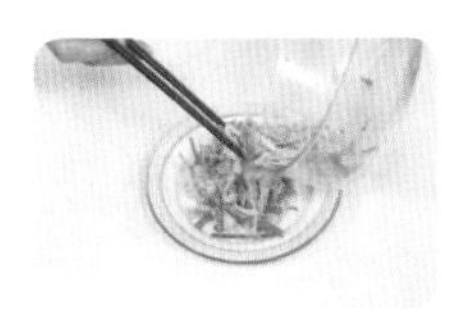

❹ 将拌好的鸡丝盛入碗中。

❺ 淋入少许芝麻油。

❻ 摆好盘即成。

食物相宜

增强记忆力

鸡肉

+

金针菇

排毒养颜

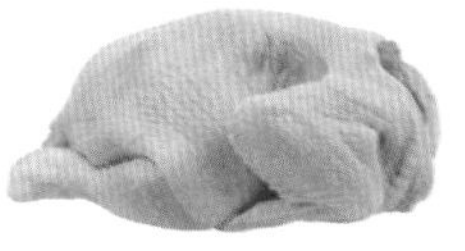

鸡肉

+

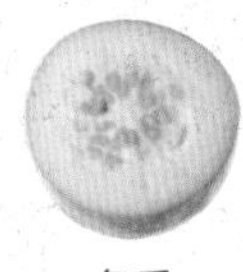

冬瓜

板栗辣子鸡

6分钟 保肝护肾
辣 男性

板栗和鸡肉都是性味平和的食材，最通常的做法是炖，但炒其实是一种更好吃的做法，炒出来的鸡肉少了油腻，里面的辣椒能给味蕾带来无限刺激。很多时候，食物的意义不仅在于饱腹，更能延绵亲情，这道美食就常在妈妈的手下大放异彩。板栗的清甜软糯，鸡肉的香辣饱满，有谁能抗拒得了？

材料

材料	用量
鸡肉	300克
蒜苗	20克
青椒	20克
红椒	20克
板栗	100克
姜片	5克
蒜末	5克
葱白	5克

调料

调料	用量
盐	5克
味精	2克
鸡精	2克
辣椒油	10毫升
淀粉	适量
生抽	5毫升
料酒	5毫升
辣椒酱	适量
水淀粉	适量
食用油	适量

食材处理

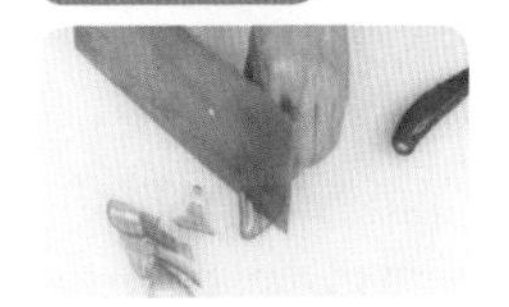

❶ 将洗净的青椒切开，去籽，切成片。

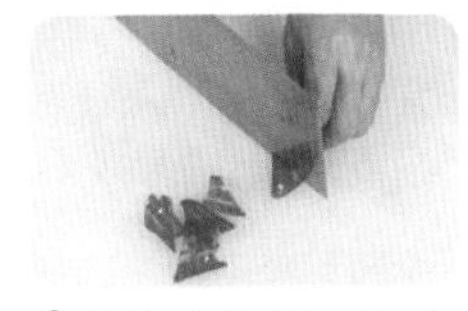

❷ 将洗净的红椒切开，去籽，切成片。

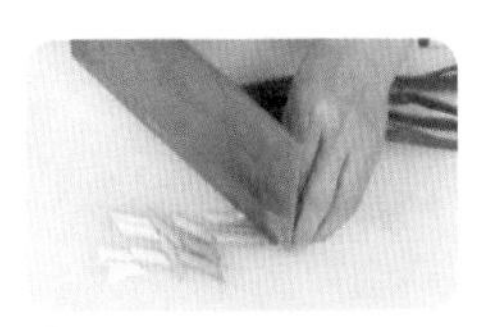

❸ 将洗好的蒜苗切成段。

❹ 将洗净的鸡肉斩成块。

❺ 将鸡块装入碗中，加入少许盐、生抽、鸡精、料酒拌匀。加淀粉拌匀，腌渍 10 分钟入味。

❻ 锅中倒入约 800 毫升清水，大火烧开，放入洗净的板栗，加少许盐。

❼ 加盖，煮约 10 分钟至熟。

❽ 揭盖，将煮熟的板栗捞出备用。

做法演示

❶ 用油起锅，倒入姜片、蒜末、葱白、蒜苗梗爆香。

❷ 倒入鸡块，拌炒匀。

❸ 加入少许料酒炒香。

❹ 倒入约 300 毫升清水。

❺ 放入板栗拌炒匀，煮沸。

❻ 加入辣椒酱炒匀。

❼ 加入辣椒油、盐、味精。

❽ 炒匀调味。

❾ 加盖，小火焖煮 3 分钟，使鸡肉入味。

❿ 揭盖，倒入青椒、红椒、蒜叶拌炒至熟。

⓫ 加入水淀粉勾芡，大火收干汁。

⓬ 起锅，盛入盘中即可食用。

板栗烧鸡

8分钟　滋补养身
咸香　老年人

板栗和鸡肉可谓是厨房里的最佳拍档，板栗有健脾养胃、补肾强筋的作用，而鸡肉蛋白质的比例较高，而且很容易被人体吸收和利用，二者相配能让营养加倍。板栗的糯甜、鸡肉的鲜美相互交融，让这道菜变得更加鲜香，再缀以蒜苗、香菇丝，分外养眼、美味。

材料

鸡肉	200克
板栗	80克
鲜香菇	20克
蒜末	5克
姜片	5克
葱段	5克
蒜苗段	20克

调料

老抽	3毫升
盐	2克
味精	1克
白糖	2克
生抽	5毫升
水淀粉	适量
料酒	5毫升
淀粉	适量
食用油	适量

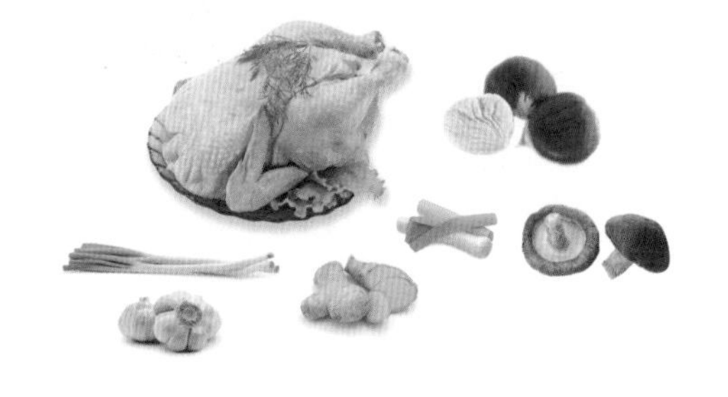

食材处理

❶ 将洗净的鸡肉斩成块。

❷ 将鸡肉装入碗中，加料酒、生抽、盐拌匀，再撒上淀粉裹匀。

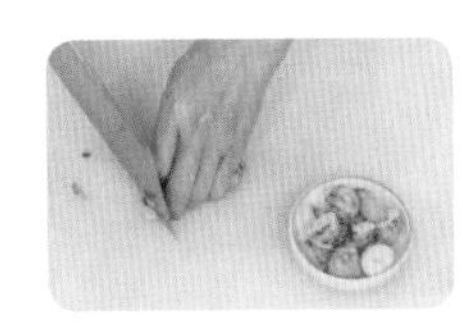

❸ 将处理好的板栗对半切开。

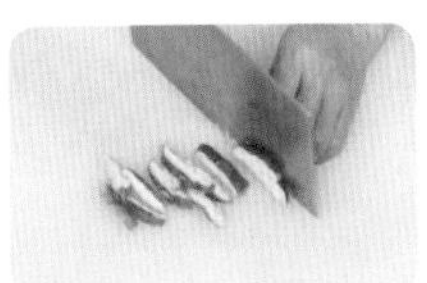

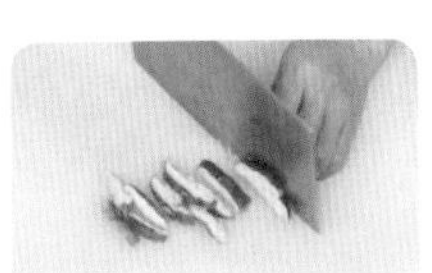

❹ 将洗净的鲜香菇切成丝。

❺ 热锅注油，烧至五成热，倒入板栗。

❻ 滑油片刻后，捞出板栗。

❼ 倒入鸡肉块。

❽ 滑油约 3 分钟至熟，捞出备用。

做法演示

❶ 锅留底油，放入葱段、姜片、蒜末。

❷ 倒入香菇、鸡肉，再加入料酒炒匀。

❸ 加入少许老抽炒匀。

❹ 倒入板栗。

❺ 加入少许清水。

❻ 煮至板栗熟透，加盐、味精、白糖、生抽，炒匀调味。

❼ 加少许水淀粉勾芡。

❽ 撒入蒜苗段炒匀。

❾ 盛入干锅即成。

食物相宜

补肾虚、益脾胃

板栗

+

鸡肉

补肾虚、治腰痛

板栗

+

红枣

泡椒三黄鸡

4分钟　益气补血
辣　女性

泡椒的酸、辣都是四川人最爱的口味，在爆炒之前滑炒鸡块，增加了三黄鸡香滑细腻的口感。鸡块与泡椒的美味充分融合，赋予了这道菜一种厚实的香味。这道菜既有鸡肉的鲜香，又有莴笋的清香，还混合了泡椒带来的椒香，滋味丰富却不油腻，秀色可餐。

材料

三黄鸡	300克
灯笼泡椒	20克
莴笋	100克
姜片	5克
蒜末	5克
葱白	5克

调料

盐	6克
鸡精	4克
味精	1克
生抽	5毫升
淀粉	适量
料酒	5毫升
水淀粉	适量
食用油	适量

食材处理

❶ 将去皮洗净的莴笋切成滚刀块。

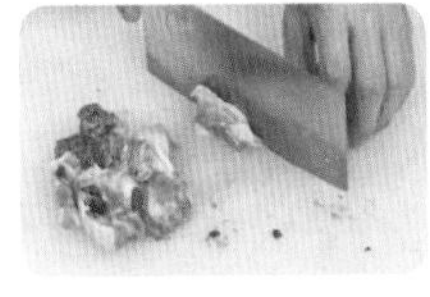

❷ 将洗净的鸡肉斩成块，装入碗中。

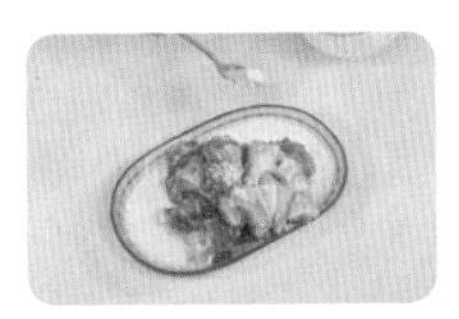

❸ 加入少许鸡精、盐、生抽、料酒拌匀。

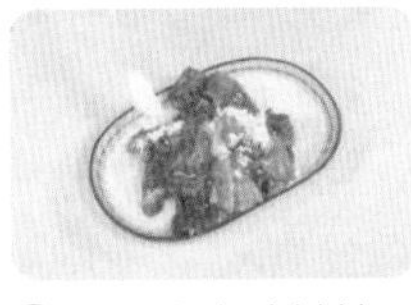

❹ 加入少许淀粉拌匀，腌渍 10 分钟至入味。

❺ 热锅注油，烧至五成热，倒入鸡块。

❻ 滑油至转色后，捞出备用。

做法演示

❶ 锅底留油，倒入姜片、蒜末、葱白爆香。

❷ 倒入莴笋、灯笼泡椒拌炒片刻。

❸ 倒入滑好油的鸡块，淋入少许料酒炒匀。

❹ 加入约 100 毫升清水。

❺ 加入盐、味精、生抽、鸡精炒匀。

❻ 加盖，小火焖 2 分钟至熟透。

❼ 揭盖，加入少许水淀粉勾芡。

❽ 大火收干汁。

❾ 盛入盘中即可。

食物相宜

滋补养身

鸡肉

+

土豆

消肿祛痰

鸡肉

+

冬瓜

米椒酸汤鸡

12分钟　开胃消食
酸　一般人群

酸酸的味道全部渗透到鸡肉当中，细品之下酸中别有洞天，一种纯香有辣，一种清酸回甜。红亮酸鲜的汤汁更能让人食欲大增，一口鸡肉，一口酸汤，加一口饭，嘴巴塞得满满的，一口下去，胃就被暖暖地包围，心中也多了一份宁静。秋冬季节最适合进补，这道酸汤鸡不仅开胃消食，还具有滋补养身的作用。

材料		调料	
鸡肉	300克	盐	5克
酸笋	150克	鸡精	3克
米椒	40克	辣椒油	适量
红椒	15克	白醋	3毫升
蒜末	5克	生抽	3毫升
姜片	5克	料酒	5毫升
葱白	5克	食用油	适量

食材处理

❶ 将米椒切碎。

❷ 将红椒洗净，切圈。

❸ 将洗净的鸡肉斩块。

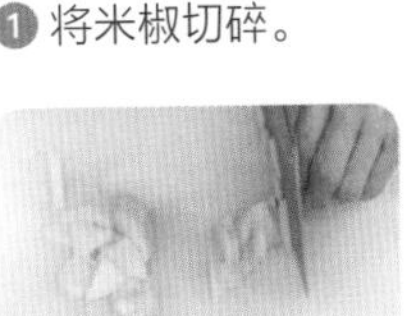

❹ 将酸笋切片。

❺ 锅中加清水，大火烧开。

❻ 倒入笋片拌匀，煮沸后捞出。

做法演示

❶ 锅留底油，烧热。

❷ 倒入姜片、葱白、蒜末，爆香。

❸ 倒入鸡块翻炒，淋入适量料酒。

❹ 加入酸笋片拌炒均匀。

❺ 放入米椒、红椒圈一起炒。

❻ 加适量清水、辣椒油、白醋、盐、鸡精、生抽。

❼ 加盖，中火焖煮约10分钟。

❽ 盛出装盘即可。

食物相宜

补五脏、益气血

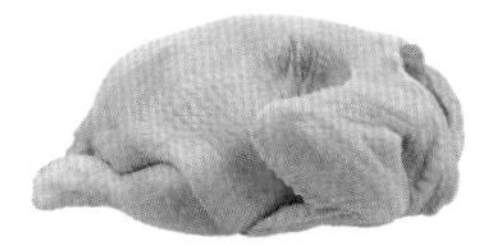

鸡肉

枸杞子

补虚

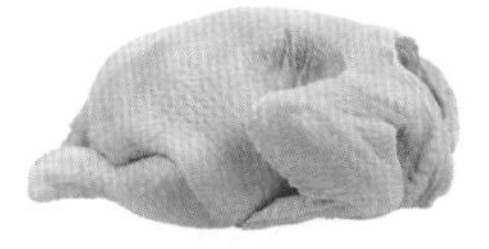

鸡肉

＋

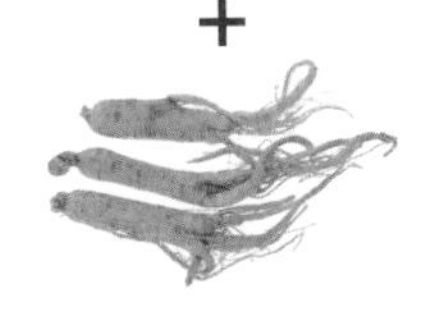

人参

干锅土鸡

6分钟　滋补养身
辣　一般人群

还未入口，就已闻到这道菜鲜香麻辣的味道了。土鸡似乎有着得天独厚的香味，给人们充分的发挥空间。干锅土鸡的自然之鲜满溢，刚一上桌香味就侵满了周围的空气，鲜嫩的鸡肉毫不掩饰地等在锅里，一口下去，土鸡的肥美、细腻，带着厚重的麻和辣，就像舌尖上的“探戈”。干锅下的火也为这道菜增加了韵味，边吃边煮，越吃越香。

材料

光鸡	750克
干辣椒	10克
花椒	3克
姜片	5克
葱段	5克

调料

盐	3克
味精	1克
蚝油	3毫升
豆瓣酱	适量
辣椒酱	适量
料酒	5毫升
食用油	适量

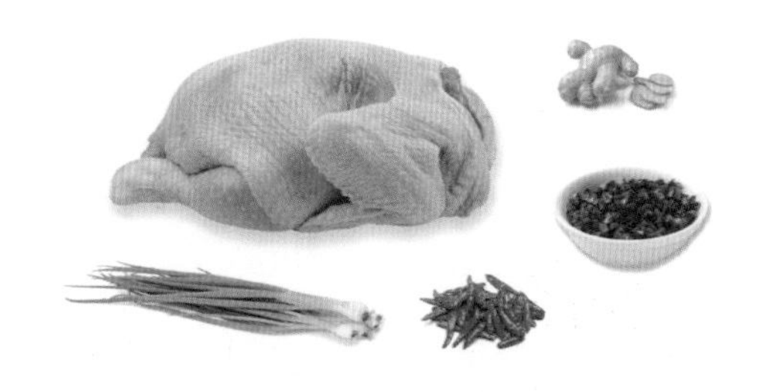

做法演示

❶ 将洗好的光鸡斩成块。

❷ 锅中注油，烧热，倒入鸡块，翻炒出油。

❸ 倒入姜片、葱段和洗好的花椒与干辣椒。

❹ 翻炒均匀。

❺ 加豆瓣酱炒匀。

❻ 倒入辣椒酱翻炒。

❼ 倒入料酒和少许清水拌匀。

❽ 加盖，中火焖煮 2 分钟至入味。

❾ 揭盖，加入少许盐、味精。

❿ 淋入蚝油炒匀。

⓫ 盛入干锅内，撒入剩余葱段即成。

食物相宜

增强记忆力

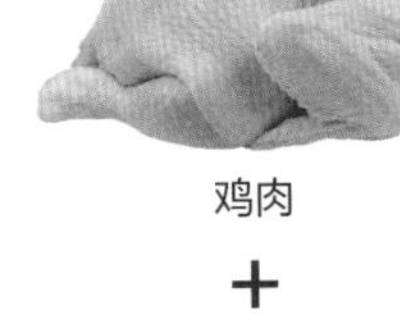

鸡肉

+

金针菇

排毒养颜

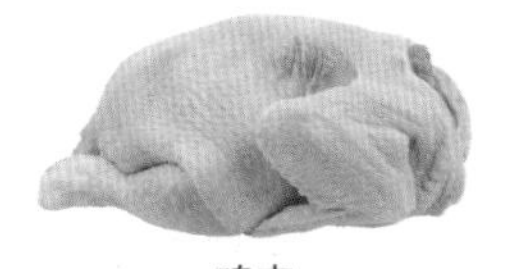

鸡肉

+

冬瓜

小贴士

- 烹饪鸡肉时，特别注意是要去掉鸡屁股。鸡屁股是淋巴结体集中的地方，含有多种病毒、致癌物质，所以不可食用。
- 用鸡肉作为食补材料时，要分雌雄。雄鸡的鸡肉，其性属阳，温补作用较强，比较适合阳虚气弱者食用；雌鸡的鸡肉，其性属阴，比较适合产妇、年老体弱及久病体虚者食用。

白果炖鸡

125 分钟　降脂降压
清淡　老年人

白果是银杏果的别名，是一种很好的养生食材。白果炖鸡能润肺止咳，让疾病远离你。白果的清香并没有因为长时间的熬制而被汤汁所掩盖，而是愈发浓郁，鸡肉、猪骨、瘦肉的鲜香互相交融，让这道汤变得更加香浓，用一种柔和平稳的节奏安抚着你的身心。

材料

光鸡	1只
猪骨头	450克
猪瘦肉	100克
白果	120克
葱	15克
香菜	15克
姜	20克
枸杞子	10克

调料

盐	4克
胡椒粉	适量

食材处理

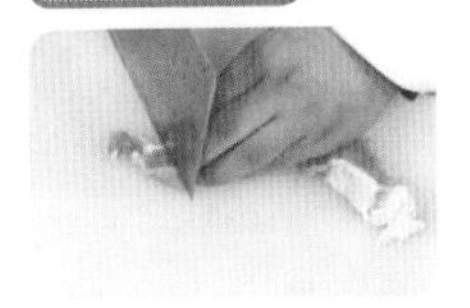

❶ 瘦肉洗净，切块；姜拍扁。

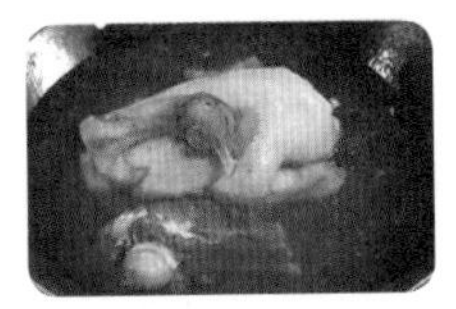

❷ 锅中注水，放入猪骨头、鸡肉和瘦肉，大火煮开。

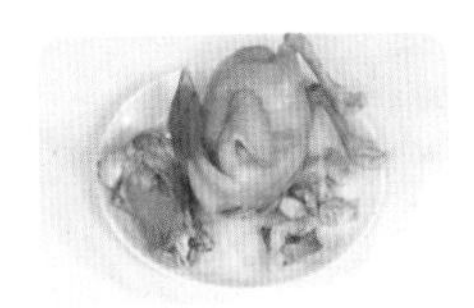

❸ 揭盖，捞起装盘。

做法演示

❶ 砂锅置旺火上，加适量水，放入姜、葱。

❷ 倒入猪骨头、鸡肉、瘦肉和白果。

❸ 加盖，烧开后转小火煲 2 小时。

❹ 揭开盖，调入盐、胡椒粉，再倒入枸杞子点缀。

❺ 挑去葱、姜。

❻ 撒入香菜即可。

小贴士

- 白果有微毒，不可生食。烹饪前，要将其浸泡于温水中，而且浸泡的时间不宜太短（以 6 个小时为最佳），然后放入开水锅中煮熟后再行烹调，这样可以使有毒物质溶于水中或受热挥发。
- 白果也不宜过量食用。因为它含有氢氰酸，过量食用极易引起呕吐、发热烦躁、呼吸困难等中毒症状，严重时可中毒致死，故不可多食，宜熟食，食用量也要控制在每天 5 ~ 10 克。

养生常识

- ★ 传统医学认为，猪肉有滋养脏腑、润滑肌肤、补中益气、滋阴养胃、补虚益气的作用。一般人皆可食用。成人每天食用 100 克最好，儿童则每天食用 50 克最佳。
- ★ 食用猪肉后不宜大量饮茶，因为茶叶中的鞣酸会与蛋白质合成具有收敛性的鞣酸蛋白质，使肠蠕动减慢，从而使脂肪堆积，造成消化不良，引起呕吐、头晕等不良症状。
- ★ 此外，猪肉的脂肪含量较高，慢性肝炎、胆囊炎、胆结石、动脉硬化及高血压患者不宜大量食用。

红烧鸡翅

5分钟　益气补血
鲜　女性

鸡翅是没什么个性的食材，不过没个性就是最好的个性，怎么做都好吃。红烧鸡翅无疑是最家常、最经典的美味菜肴之一，鲜嫩的鸡翅。经过细心的烹制后，口感鲜嫩，肥而不腻。不得不提的还有土豆，这个其貌不扬的配菜，以淳朴软糯的品格消除了鸡翅过多的油腻，让它也变得小清新起来。这样家常又特别的鸡翅，一口就让你深陷其中，难以自拔。

材料

鸡翅	150克
土豆	200克
姜片	5克
葱段	5克
干辣椒	5克

调料

盐	4克
白糖	2克
料酒	5毫升
蚝油	3毫升
糖色	适量
水淀粉	适量
豆瓣酱	适量
辣椒油	适量
花椒油	适量
食用油	适量

食材处理

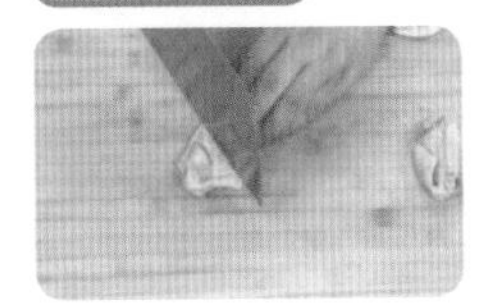

❶ 在洗净的鸡翅上打上花刀。

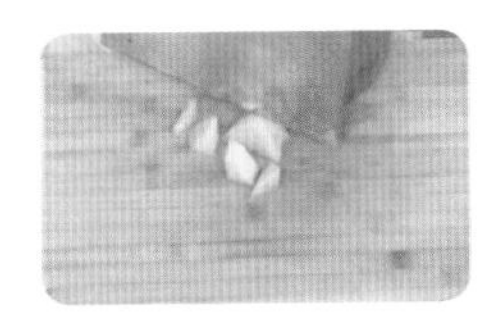

❷ 将去皮洗净的土豆切块。

❸ 鸡翅加盐、料酒、糖色抓匀。

❹ 腌渍片刻。

❺ 热锅注油，烧至五成热，倒入鸡翅。

❻ 略炸后捞出沥油。

❼ 倒入土豆块。

❽ 炸熟后捞出沥油。

做法演示

❶ 锅底留油，放入干辣椒、姜片、葱段炒香。

❷ 倒入豆瓣酱炒匀。

❸ 加少许清水。

❹ 放入鸡翅、土豆炒匀。

❺ 加盖，焖煮约 1 分钟至熟。

❻ 揭盖，放入盐、白糖煮片刻。

❼ 加入蚝油炒匀。

❽ 用水淀粉勾芡。

❾ 淋入辣椒油炒匀。

❿ 加入少许花椒油翻炒均匀。

⓫ 撒上葱段炒匀。

⓬ 盛出装盘即可。

养生常识

★ 食用土豆时，要先看其外表，皮色发青或发芽的土豆不能食用，以防龙葵素中毒。

★ 土豆有收敛的作用，孕妇不可食用过多。

泡椒鸡胗

4分钟　开胃消食
辣　一般人群

这道充满乡土气息的泡椒鸡胗，让人不自觉地想起父老乡亲质朴又热情的脸。鸡胗韧脆适中、香气四溢，尝一口，火辣辣的人情味在唇齿碰撞之间满溢。就算你原本并不觉得鸡胗有多好吃，但如果这样尝试一下，会感觉味道还不错，加了泡椒和红椒，鸡胗的香味似乎也更上一层楼了。

材料

鸡胗	200克
泡椒	50克
红椒圈	20克
姜片	5克
蒜末	5克
葱白	5克

调料

盐	3克
味精	3克
蚝油	3毫升
老抽	3毫升
水淀粉	适量
料酒	5毫升
淀粉	适量
食用油	适量

食材处理

❶ 把洗净的鸡胗改刀切成片。

❷ 将泡椒切成段。

❸ 鸡胗加盐、味精、料酒、淀粉拌匀，腌渍 10 分钟。

❹ 锅中加清水烧开，倒入切好的鸡胗。

❺ 汆水片刻至断生捞出备用。

❻ 油锅烧至四成热，倒入鸡胗，滑油片刻捞出。

做法演示

❶ 锅底留油，下入姜片、蒜末、葱白、红椒圈爆香。

❷ 倒入切好的泡椒。

❸ 加入鸡胗炒约 2 分钟至熟透。

❹ 加入盐、味精、蚝油炒匀调味。

❺ 加少许老抽炒匀上色。

❻ 加水淀粉勾芡。

❼ 淋入少许熟油翻炒均匀。

❽ 盛出装盘即可。

食物相宜

降脂降压

泡椒

茄子

健美、抗衰老

泡椒

苦瓜

保护并强化肝脏功能

泡椒

猪肉

尖椒炒鸡肝

3分钟　益气补血
辣　女性

暑去寒来，天一冷就喜欢吃点热乎或是口味重的东西，尖椒炒鸡肝无疑是不错的选择。鸡肝对于肝脏的滋养是温和的，尖椒搭配鸡肝，又辣又入味，自然让人胃口大开，对一切都充满了期待。

材料

鸡肝	300 克
青椒	50 克
红椒	20 克
姜片	5 克
蒜末	5 克
葱白	5 克

调料

食用油	适量
盐	3 克
味精	1 克
料酒	5 毫升
蚝油	适量
豆瓣酱	适量
水淀粉	适量

食材处理

❶ 将洗净的青椒切成块。

❷ 将洗净的红椒切成块。

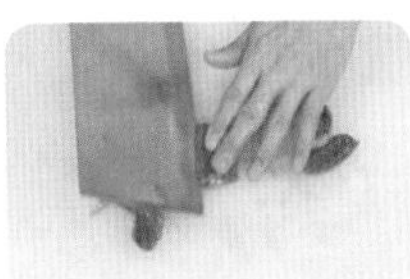
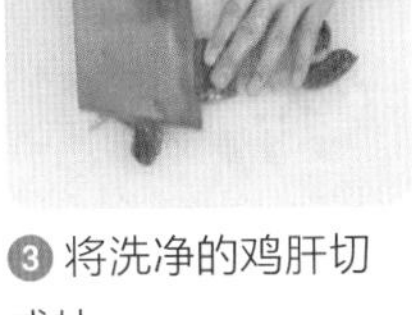

❸ 将洗净的鸡肝切成片。

❹ 鸡肝加入少许盐、味精、料酒拌匀，腌渍 10 分钟。

❺ 锅中注入约 1000 毫升清水烧开，加入少许食用油。

❻ 倒入青椒、红椒拌匀。

❼ 煮沸后捞出备用。

❽ 倒入鸡肝拌匀。

❾ 汆至转色即可捞出。

做法演示

❶ 锅置旺火，注油烧热，倒入姜片、蒜末、葱白爆香。

❷ 倒入鸡肝炒约 1 分钟。

❸ 淋入料酒炒香，去掉腥味。

❹ 倒入青椒、红椒。

❺ 加入盐、味精、蚝油、豆瓣酱。

❻ 拌炒至入味。

❼ 加入少许水淀粉勾芡。

❽ 淋入少许熟油翻炒均匀。

❾ 盛入盘内即可。

食物相宜

开胃

青椒

+

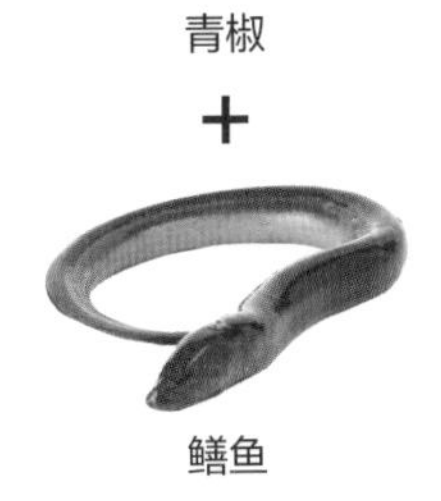

鳝鱼

美容养颜

青椒

+

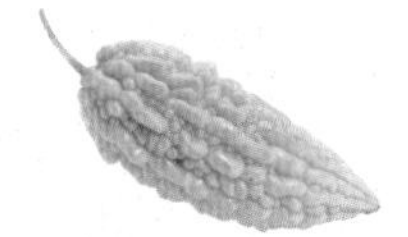

苦瓜

降低血压，消炎止痛

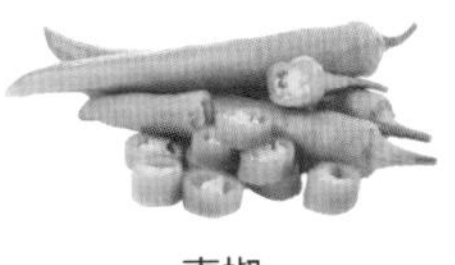

青椒

+

空心菜

泡椒鸡胗拌青豆

1分钟　美容养颜
辣　女性

鸡胗散落在红红绿绿间，寻常的原料加上简单的做法，便可为全家人献上这道火辣香脆的美食。泡椒鸡胗拌青豆是一道经典的凉拌川菜，很适合夏天食用，鸡胗煮好晾凉后放入冰箱中，随吃随拌，食用方便快捷，特别是对喜食肉而又时间紧张的上班族来说，不失为一道好菜。

材料

鸡胗	100 克
青豆	200 克
泡椒	30 克
红椒	15 克
姜片	5 克
葱白	5 克

调料

盐	3 克
鸡精	1 克
鲜露	适量
食用油	适量
芝麻油	适量
辣椒油	适量
料酒	5 毫升

食材处理

❶ 锅中加水烧开，加少许食用油、盐。

❷ 倒入洗净的青豆，煮约 2 分钟至熟。

❸ 将煮好的青豆捞出备用。

❹ 原汤汁加鲜露。

❺ 倒入鸡胗，加入少许料酒，倒入姜片、葱白。

❻ 加盖，慢火煮约 15 分钟。

❼ 将鸡胗捞出，盛入碗中，晾凉。

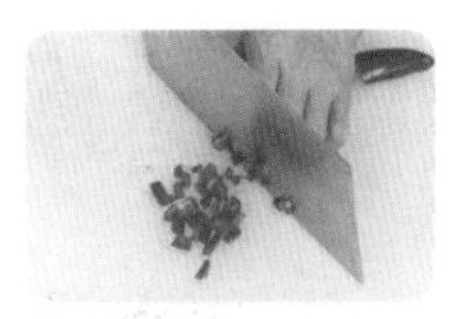

❽ 红椒洗净，切开，去籽，切成丁。

❾ 泡椒切成丁。

❿ 将煮熟的鸡胗切片，再切成小块。

⓫ 取一个干净的大碗，倒入青豆、鸡胗、泡椒、红椒。

做法演示

❶ 加盐、鸡精调味。

❷ 淋入辣椒油、芝麻油，拌匀。

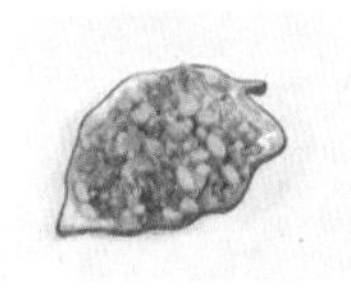

❸ 将拌好的材料盛入盘中即可。

食物相宜

去除口臭

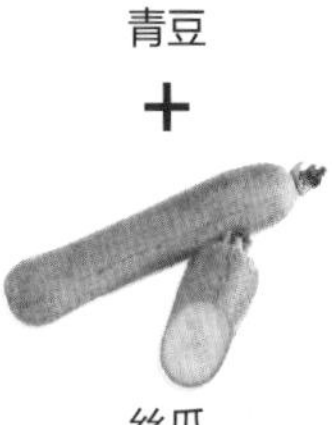

青豆

+

丝瓜

养生常识

★ 青豆的钙质、蛋白质含量非常丰富，有补肝养胃、滋补身体的作用。少儿食用，有助于促进骨骼的发育。老年人食用，有清醒大脑、提神养心的作用，对预防阿尔茨海默病有一定的辅助食疗作用。

宫保鸡丁

4 分钟　增强免疫力
辣　一般人群

到了一个陌生的馆子，人们总会从自己熟悉的菜点起，宫保鸡丁这道菜绝对榜上有名。嫩滑的鸡丁配上香酥的花生，就连里面的配料葱白、黄瓜丁都很好吃。其红而不辣、辣而不猛、香辣味浓，深受人们喜爱。

材料

鸡胸肉	300 克
黄瓜	300 克
花生	50 克
干辣椒	7 克
蒜头	10 克
姜片	5 克

调料

盐	5 克
味精	2 克
鸡精	3 克
料酒	3 毫升
淀粉	适量
食用油	适量
辣椒油	适量
芝麻油	适量

食材处理

❶将洗净的鸡胸肉切成丁。

❷将洗净的黄瓜切成丁。

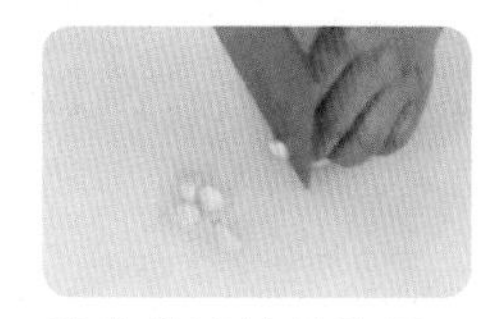
❸将洗净的蒜头切成末。

❹鸡丁加少许盐，加味精、料酒拌匀。

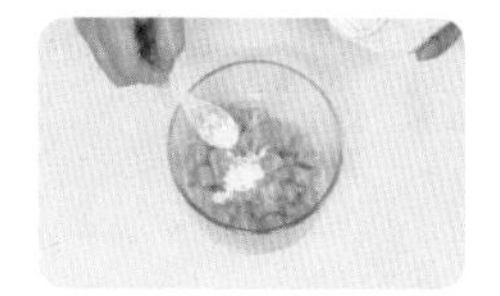
❺加淀粉拌匀。

❻加少许食用油拌匀，腌渍 10 分钟。

❼锅中加约 600 毫升清水烧开，倒入花生，煮约 1 分钟。

❽将煮好的花生捞出，沥干水分。

做法演示

❶热锅注油，烧至六成熟，倒入煮好的花生，炸约 2 分钟至完全熟透。

❷将炸好的花生捞出。

❸放入鸡丁，搅散。

❹炸至转色即可捞出。

❺用油起锅，倒入大蒜、姜片爆香。

❻倒入干辣椒炒香。

❼倒入黄瓜炒匀。

❽加入盐、味精、鸡精炒匀。

❾倒入鸡丁炒匀。

❿加少许辣椒油。

⓫加入适量芝麻油炒匀，继续翻炒片刻。

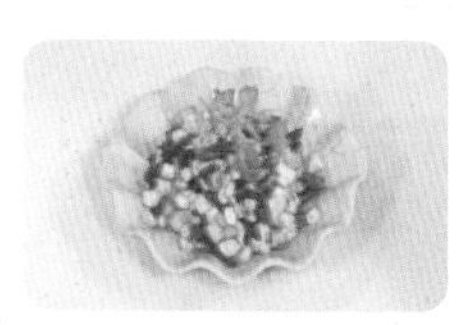
⓬盛出装盘，倒入炸好的花生米即可。

第5章

离不了的川味水产

鱼、虾、蟹、蛙等水产品适合很多种吃法，几乎能满足每个地方的口味。说起四川人的口味，几乎离不开麻辣。当水产品与川味相遇，重口味的麻辣融合了水产品的鲜香，赋予了水产品更多的口味——川椒、水煮、泡椒。在当下，越来越注重多样化的饮食要求下，充满创意的川味水产一定可以满足你的味蕾。

川椒鳜鱼

8分钟　健脾开胃
辣　一般人群

“西塞山前白鹭飞，桃花流水鳜鱼肥”，鳜鱼因为音同“贵”，一直是节日餐桌上的常客。川椒鳜鱼可谓川味十足，鲜美的鱼肉混合了川椒的香辣，吃起来口感更细腻，味道更有劲。烹制过程中的多种调料也是重要组成部分，其香味与鱼肉充分融合，不但能减少鱼的腥腻，还能增加整道菜味道的层次，多一味或者少一味都有损菜的品质，因此做这道菜绝对是精细活。

材料

鳜鱼	600克
青椒	20克
红椒	20克
花椒	3克
姜片	5克
蒜末	5克
葱段	5克

调料

花椒油	适量
盐	3克
味精	1克
白糖	2克
鸡精	1克
生抽	5毫升
水淀粉	适量
淀粉	适量
料酒	适量
食用油	适量

食材处理

❶将洗净的青椒切片。

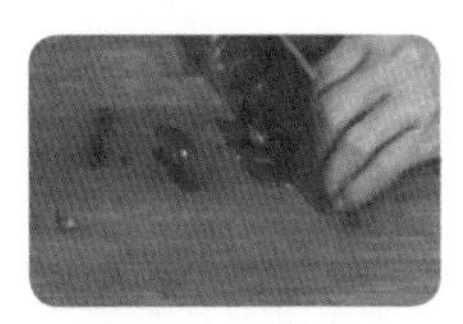

❷ 将洗净的红椒切成片。

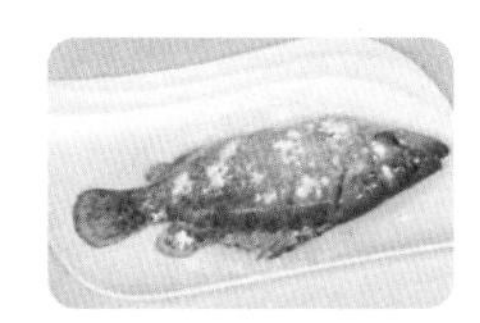

❸ 将宰杀洗净的鳜鱼撒上盐，再撒上淀粉。

做法演示

❶ 热锅注油，烧至六成热，放入鳜鱼。

❷ 炸至断生捞出。

❸ 锅底留油，倒入姜片、葱段、蒜末。

❹ 倒入花椒爆香，再加入料酒。

❺ 倒入适量的清水。

❻ 放入炸好的鳜鱼。

❼ 倒入青椒、红椒煮沸。

❽ 淋入花椒油。

❾ 加入盐、味精、白糖、鸡精、生抽调味。

❿ 盛出煮熟的鳜鱼。

⓫ 原汤中加水淀粉调成芡汁，淋入油拌匀。

⓬ 将芡汁浇在鱼肉上，撒入剩余葱段即成。

养生常识

★ 鳜鱼肉质鲜美，适宜体质衰弱、虚劳羸瘦、脾胃气虚、饮食不香、营养不良之人食用；有哮喘、咯血的患者不宜食用；寒湿盛者不宜食用。需要提醒的是，吃鳜鱼后忌喝茶，因为茶里面含有的物质会阻碍蛋白质的吸收，从而对人体的健康不利。

食物相宜

增强造血功能

鳜鱼

白菜

凉血解毒、利尿通便

鳜鱼

+

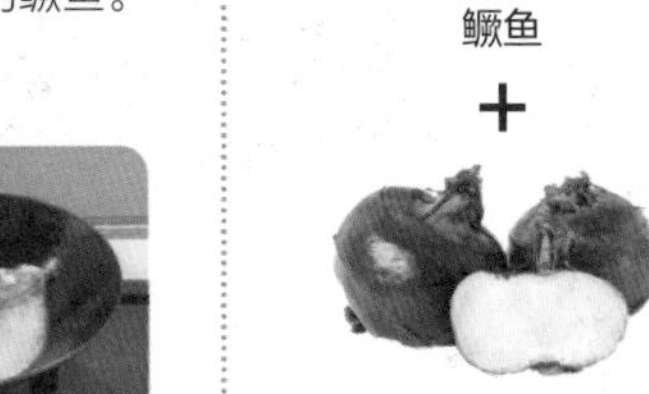

马蹄

功夫鲈鱼

5分钟　滋补肝肾
辣　男性

好吃的食物都是需要下功夫烹制的，这道菜也不例外。顾名思义，“功夫鲈鱼”是一道需要花点功夫的手艺菜。鲈鱼的清鲜味美，自古已有定论，此时再用言语赘述已显多余。鲈鱼绝对是这道菜的主导，众多的调料也只能算作陪衬，在最恰当的时刻为鲈鱼锦上添花。

材料		调料	
鲈鱼	1条	盐	5克
菜心	150克	味精	2克
青椒	20克	胡椒粉	适量
红椒	20克	淀粉	适量
泡椒	30克	食用油	适量

食材处理

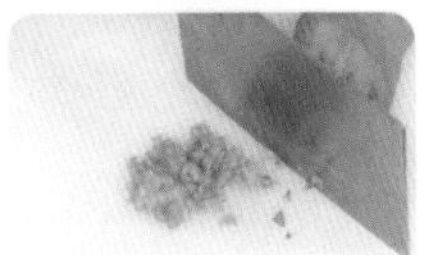

❶ 将泡椒切碎。

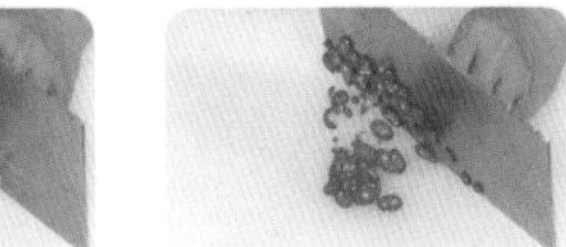

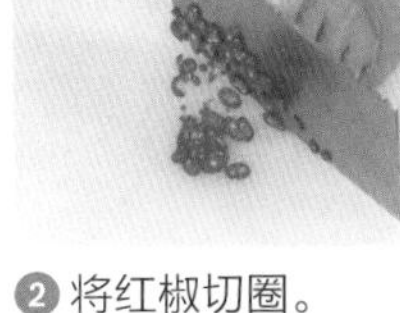

❷ 将红椒切圈。

❸ 青将椒切圈。

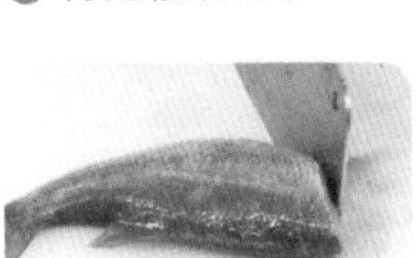

❹ 将处理好的鲈鱼鱼头切下。

❺ 鱼身剔去鱼骨。

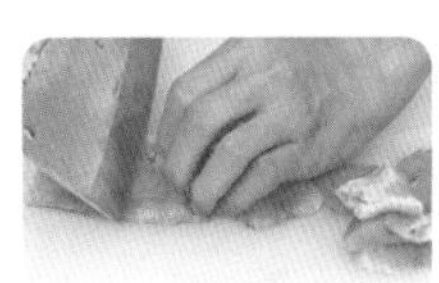

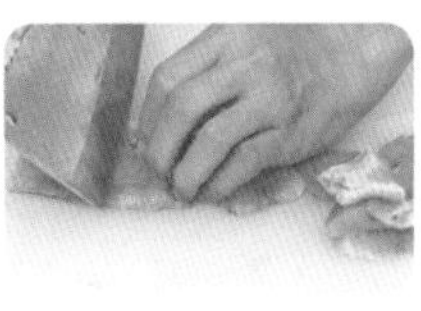

❻ 鱼肉切片； 鱼骨斩块。

❼ 鱼片、鱼骨加盐、味精、胡椒粉、淀粉拌匀，腌 10 分钟。

❽ 鱼头、鱼尾加盐、淀粉拌匀，腌上 10 分钟。

❾ 青椒圈加盐、味精拌匀。

❿ 红椒圈加盐、味精拌匀。

⓫ 锅中放入洗净的菜心拌匀，煮沸捞出。

做法演示

❶ 热锅注油，烧至六成热，放入鱼头、鱼尾，炸约 1 分钟捞出。

❷ 倒入鱼片、鱼骨拌匀。

❸ 炸约 1 分钟捞出。

❹ 将鱼头、鱼尾、鱼骨、鱼片均摆入盘中。

❺ 用菜心围边，撒上红椒圈、青椒圈、泡椒。

❻ 锅中加油，烧热，淋入盘中即可。

食物相宜

健脾开胃

鲈鱼

＋

姜

增强记忆力、促进代谢

鲈鱼

＋

人参

爆炒生鱼片

3分钟　补虚固肾
鲜　老年人

一分耕耘一分收获，生鱼片是极其考验刀工的，但吃起来的好味道确实没有辜负切时的努力。爆炒出来的生鱼片嫩滑爽口，鲜辣微甜的滋味慢慢渗透到舌尖，怎能不叫人大呼过瘾！生鱼片也非常适合辣椒，仿佛阔别多年的友人，时间和距离都不能隔断双方的情谊，鱼肉的鲜嫩与辣椒的浓香完美融合，别具风味。

材料	
生鱼	550克
青椒	15克
红椒	15克
葱	10克
生姜	15克
大蒜	5克

调料	
盐	3克
味精	1克
水淀粉	少许
白糖	2克
料酒	5毫升
辣椒酱	少许
食用油	适量

食材处理

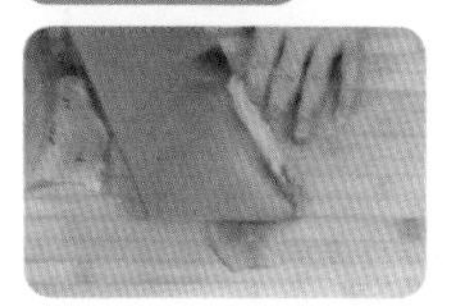

❶ 将宰杀好的生鱼剔去鱼骨，把鱼肉片成薄片。

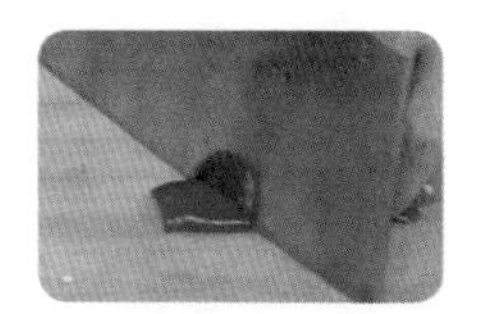

❷ 将青椒、红椒洗净，去籽切片。

❸ 大蒜、生姜均切片；葱洗净，切段。

❹ 鱼片加盐、味精、水淀粉、食用油腌渍入味。

❺ 锅中注水煮沸，放入青椒、红椒，焯烫片刻捞出。

❻ 炒锅热油，倒入生鱼片滑油，捞出沥油。

做法演示

❶ 锅留底油，入姜、蒜和辣椒酱炒香。

❷ 倒入青椒、红椒、葱白炒匀。

❸ 倒入生鱼片。

❹ 加盐、味精、白糖和料酒炒入味。

❺ 盛入盘中即可。

小贴士

✪ 生鱼容易成为寄生虫的寄生体，所以最好不要随便食用污染水域的生鱼，以免对人体的健康造成危害。

养生常识

★ 生鱼适宜肝硬化腹水、心源性水肿、肾炎水肿、营养不良性水肿、妊娠水肿、脚气水肿等水肿患者以及身体虚弱者、脾胃虚弱、营养不良、贫血、高血压、高脂血症等患者食用。

食物相宜

滋阴补肾

生鱼

黑豆

润肺止咳

生鱼

西洋菜

水煮生鱼

6分钟　　增进食欲
辣　　一般人群

生鱼，也叫黑鱼，生来就具有水煮鱼的特质。浓郁的麻香是水煮生鱼最大的特色，鱼肉的鲜美、麻辣的厚重，让人一下子就爱上它。吃完鱼肉，入味的汤汁也是拌饭的上选。生鱼片以鲜嫩细腻的口感赢得了很多人的青睐，还具有补心养阴、利水渗湿、清热解毒的作用。

材料

生鱼	300克
泡椒	少许
姜片	5克
蒜末	5克
蒜薹段	20克

调料

味精	1克
盐	3克
鸡精	1克
豆瓣酱	适量
辣椒油	适量
淀粉	适量
水淀粉	适量
食用油	适量

食材处理

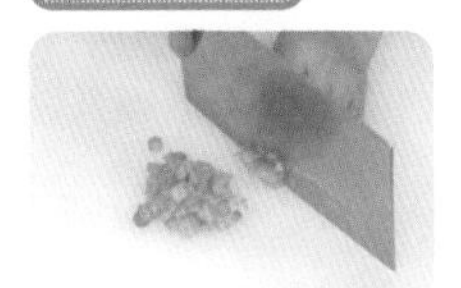

❶ 泡椒切碎。

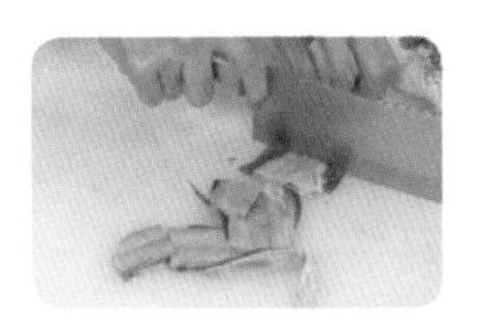

❷ 将生鱼鱼头切下斩块；片取鱼肉，鱼骨斩块。

❸ 鱼骨加盐、味精、淀粉拌匀，腌渍 10 分钟。

❹ 鱼肉加盐、味精搅均匀。

❺ 倒入水淀粉、食用油拌匀，腌渍10分钟。

做法演示

❶ 用油起锅，入蒜末、姜片、蒜梗、泡椒、豆瓣酱炒香。

❷ 倒入鱼骨。

❸ 加入适量清水。

❹ 加盖煮沸。

❺ 揭盖，加味精、盐、鸡精调味。

❻ 将鱼骨捞出装盘。

❼ 倒入鱼片煮沸。

❽ 加入辣椒油、蒜叶拌匀。

❾ 盛出装盘，浇入汤汁即可。

小贴士

✪ 生鱼肉质细嫩，口感厚实，而且刺很少。购买生鱼时，最好挑选体表光滑、黏液少者为佳，这样的生鱼比较新鲜。

食物相宜

滋阴补肾

生鱼

黑豆

止咳润肺

生鱼

西洋菜

水煮鱼片

8 分钟　健脾开胃
辣　一般人群

这道菜由“水煮肉片”改变而成，是一道经典的川味代表菜，又麻又辣、鲜嫩可口，让人欲罢不能。鱼以水煮熟，肉的鲜美更加透彻。水煮鱼片以香辣调味，闻起来麻香冲鼻，吃起来滑嫩又麻辣鲜香。就这样，一片一片吃下去，根本就停不下来。

材料

草鱼	550 克
花椒	1 克
干辣椒	1 克
姜片	10 克
蒜片	8 克
葱白	10 克
黄豆芽	30 克
葱花	5 克

调料

盐	6 克
鸡精	6 克
水淀粉	10 毫升
辣椒油	15 毫升
豆瓣酱	30 克
料酒	3 毫升
花椒油	适量
胡椒粉	适量
花椒粉	适量
食用油	适量

食材处理

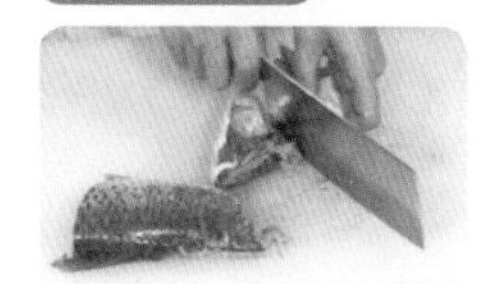
① 将处理干净的草鱼切下鱼头，斩成块。

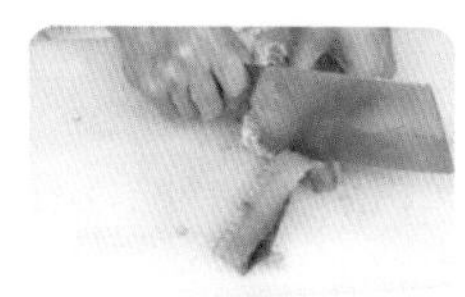
② 把鱼脊骨取下来，斩成块。

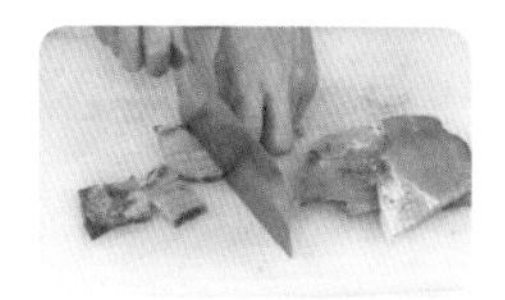
③ 切下腩骨，斩成块。

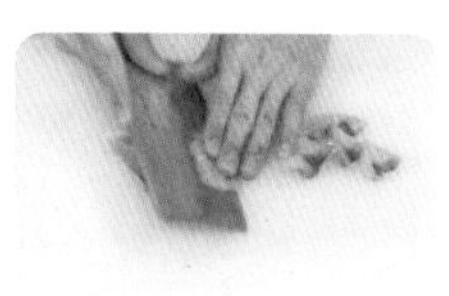
④ 斜刀把鱼肉切成大小一致的片。

⑤ 切好的鱼骨加少许盐、鸡精、胡椒粉拌匀，腌渍 10 分钟。

⑥ 鱼肉加盐、鸡精、水淀粉、胡椒粉、食用油，拌匀腌渍 10 分钟。

做法演示

① 用油起锅，倒入姜片、蒜片、葱白爆香。

② 倒入干辣椒、花椒炒香。

③ 倒入鱼骨略炒。

④ 淋入料酒。

⑤ 倒入约 800 毫升清水。

⑥ 加辣椒油、花椒油、豆瓣酱拌匀。

⑦ 加盖，中火煮约 4 分钟。

⑧ 揭盖，放入洗净的黄豆芽。

⑨ 加盐、鸡精，拌匀。

⑩ 将锅中的材料捞出，装碗，留下汤汁。

⑪ 将鱼片倒入锅中，大火煮约 1 分钟。

⑫ 将鱼片和汤汁盛入碗中。

⑬ 锅中加少许食用油，烧至六成热。

⑭ 在鱼片上撒上葱花、花椒粉。

⑮ 再浇上热油即成。

外婆片片鱼

3分钟　增进食欲
辣　一般人群

人如其名，菜亦如此，好的菜名往往能给人直达心底的感动。外婆这个词语总是带给人无限的关爱，有谁不爱吃外婆做的饭菜呢？因此，“外婆菜”就有了额外的含义。鱼肉一片片分明，在沸腾的汤中，逐渐由透明变得白嫩，让人食欲大增。一家人围坐在一起，一片鱼肉，几根豆芽，说说笑笑，这就是最美的时光。

材料		调料	
草鱼肉	180克	盐	3克
黄豆芽	150克	鸡精	1克
蒜片	25克	味精	1克
葱段	25克	胡椒粉	适量
姜片	25克	水淀粉	适量
干辣椒段	15克	食用油	适量
蛋清	适量		

食材处理

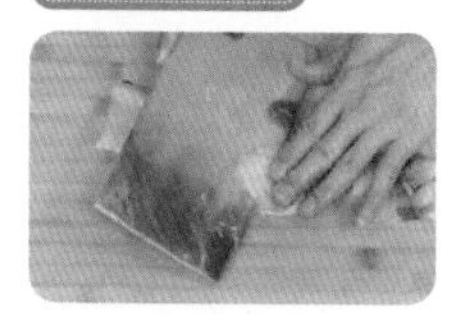

❶ 将洗净的草鱼肉切片，装入碗中。

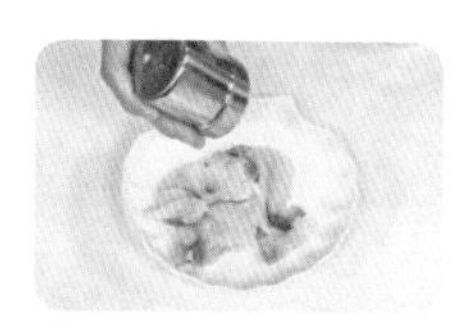

❷ 鱼肉加入盐、味精、鸡精、胡椒粉抓匀。

❸ 加水淀粉、蛋清和食用油抓匀腌渍 5 分钟。

❹ 锅中注水，加入盐、鸡精和食用油烧开。

❺ 倒入洗净的黄豆芽焯煮半分钟至熟。

❻ 捞出焯好的黄豆芽，装入碗中。

做法演示

❶ 热锅注油，爆香姜片、蒜片和葱段。

❷ 倒入洗好的干辣椒炒匀。

❸ 加入少许清水。

❹ 烧开后，调入盐和鸡精拌匀。

❺ 倒入鱼片。

❻ 大火煮约 1 分钟至熟透。

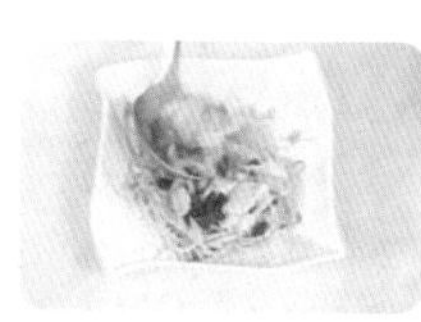

❼ 淋入少许水淀粉。

❽ 快速拌炒均匀。

❾ 盛入装有黄豆芽的碗中即成。

食物相宜

增强免疫力

草鱼

＋

豆腐

祛风、清热、平肝

草鱼

＋

冬瓜

豆花鱼片

6 分钟　美容养颜
清淡　女性

豆花，是豆腐的前身，细腻柔滑，入口即化，最为舒展灵动。这道菜其实是另一种水煮鱼片，只不过铺底的不是豆芽等蔬菜，而是嫩滑无比的豆花。作为水煮鱼的一种，豆花鱼片吃起来精巧缠绵，横生出不少情趣，如山歌小调，却有宕及肺腑的婉转和感动。

材料		调料	
草鱼	500 克	鸡精	1 克
豆花	200 克	味精	1 克
葱段	5 克	盐	3 克
姜片	5 克	水淀粉	适量
蛋清	适量	食用油	适量

食材处理

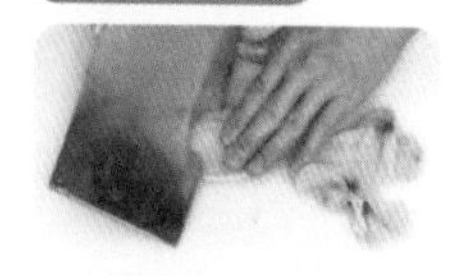

❶ 将处理好的草鱼剔除鱼骨，取肉，切成薄片。

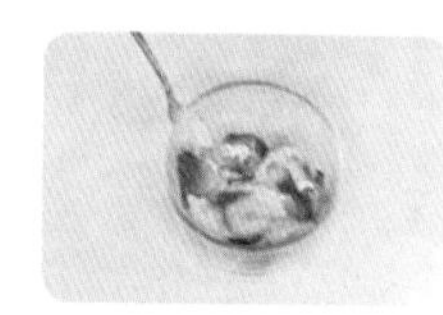

❷ 鱼片加入味精、盐拌匀。

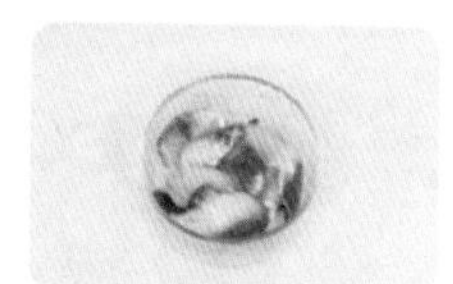

❸ 倒入少许蛋清拌均匀。

❹ 淋入水淀粉拌匀。

❺ 注入食用油，腌渍10分钟。

做法演示

❶ 起油锅，倒入姜片爆香。

❷ 注入适量清水煮沸，再加入鸡精、盐调味。

❸ 倒入鱼片拌煮至熟透。

❹ 用水淀粉勾芡，淋入少许食用油。

❺ 撒上葱段拌匀。

❻ 豆花装入盘中，将鱼片盛上，浇入汤汁。

小贴士

- 草鱼胆有毒不能吃。
- 烹饪草鱼时要保持口感鲜嫩，所以煮时火候不能太大，以免把鱼肉煮散。

食物相宜

补虚利尿

草鱼

+

黑木耳

健脾和胃、利水消肿

草鱼

+

莼菜

泡椒泥鳅

3分钟　补中益气
辣　一般人群

四川人偏爱的泡椒是一味辣而不燥的好东西，它的包容性很强，任何食材原本的味道在泡椒面前都要黯淡几分，连泥鳅这种“水中人参”也不例外。泥鳅本身的土腥味在泡椒面前无所遁形，留下的只有鲜美以及泡椒的香辣，就像岁月沉淀出来的精华，让你绝对找不到不吃的理由。

材料

泥鳅	180克
泡椒	50克
水笋丝	20克
姜片	15克
葱白	5克

调料

盐	3克
味精	1克
料酒	5毫升
蚝油	3毫升
水淀粉	适量
食用油	适量

食材处理

❶ 泥鳅宰杀洗净，加盐、味精、料酒拌匀腌渍。

❷ 将泥鳅放入七成热的油锅中。

❸ 慢火浸炸 2 分钟至熟，捞出。

做法演示

❶ 锅底留油，先倒入姜片、水笋丝、葱白爆香。

❷ 倒入泥鳅，加料酒、盐、味精、蚝油翻炒调味。

❸ 倒入泡椒炒匀。

❹ 加水淀粉勾芡。

❺ 炒匀。

❻ 装盘即成。

小贴士

- 泥鳅买回来后不可立即食用，因为泥鳅体内可能有泥沙。应先将泥鳅放入清水中浸泡一夜，然后再放入淡盐水中浸泡 1 小时。若先用淡盐水养的话，不仅会使泥鳅死得快，而且会使其营养价值丢失得更多。
- 制做泥鳅时，要选用新鲜、无异味的活泥鳅。有异味的泥鳅可能含有农药等危害人体健康的物质。

养生常识

- ★ 泥鳅不宜与狗肉同食。痰多者不宜食用。
- ★ 泥鳅性甘、平、无毒，对治疗肝病、糖尿病、泌尿系统疾病有辅助食疗的作用。

食物相宜

增强免疫力

泥鳅 + 豆腐

补气养血、健体强身

泥鳅 + 黑木耳

青椒炒鳝鱼

4分钟　益气补血
辣　一般人群

乍听这道菜名字，会觉得很普通，吃起来却不尽然。鳝鱼外酥里嫩，青椒鲜香带辣，让你不自觉爱上这种味道。在做菜方面，绝对是快手出美味。青椒炒鳝鱼不仅要求炒的动作快，还讲究油多、热。鳝鱼、青椒与热油交汇时散发出的迷人香气，在推杯换盏间展现无余，外酥里嫩的鳝鱼吃起来绝对够味。

材料

鳝鱼肉	200克
青椒	40克
洋葱丝	20克
姜丝	5克
蒜末	5克
葱段	5克

调料

盐	3克
味精	2克
鸡精	1克
料酒	5毫升
淀粉	适量
蚝油	3毫升
辣椒油	适量
水淀粉	适量
食用油	适量

食材处理

❶锅中注水烧开，放入鳝鱼肉汆烫片刻，取出。

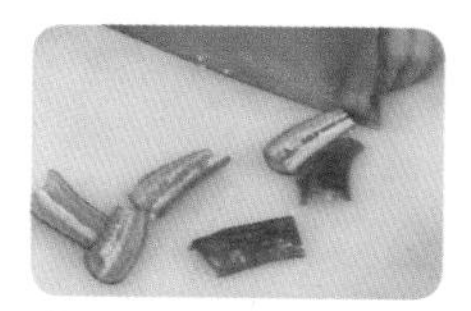

❷将洗好的青椒切成丝。

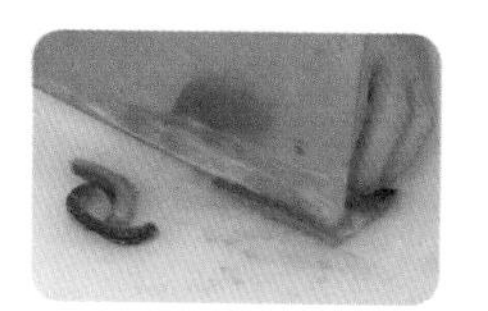

❸将鳝鱼切丝。

❹鳝鱼丝加盐、味精、料酒、淀粉拌匀腌渍。

❺油锅烧热，入鳝鱼丝，炸约 1 分钟至断生捞出。

做法演示

❶锅留底油，入洋葱、姜丝、蒜末、青椒丝炒香。

❷倒入鳝鱼丝。

❸加盐、味精、鸡精、蚝油、辣椒油、料酒炒入味。

❹加水淀粉勾芡。

❺撒入葱段拌匀。

❻盛入盘内即可。

小贴士

✪ 鳝鱼最好现杀现烹。因为死后的鳝鱼体内的组氨酸会转变为有毒物质，人体吸收后，会出现头晕、呕吐以及腹泻等症状。

食物相宜

降低血糖

鳝鱼

+

青椒

补肝肾、益气血

鳝鱼

+

金针菇

蒜香小炒鳝鱼丝

3分钟　益气补血
清淡　一般人群

鳝鱼具有其他鱼类都没有的优点，无刺肉厚，鲜美滑嫩。当蒜薹、鳝鱼丝与热油接触的一刻，交织出动听的声响和迷人的香气，这种融合了蒜香的鳝鱼丝入口时，鲜得仿佛能让人感觉到窒息。此外，不起眼的鳝鱼还是糖尿病患者的食疗佳品，具有特殊的作用。

材料

蒜薹	70克
红椒	30克
鳝鱼肉	100克
蒜末	5克
姜丝	5克

调料

料酒	5毫升
盐	2克
味精	1克
淀粉	适量
水淀粉	适量
蚝油	3毫升
食用油	适量

食材处理

❶将洗净的蒜薹切段。

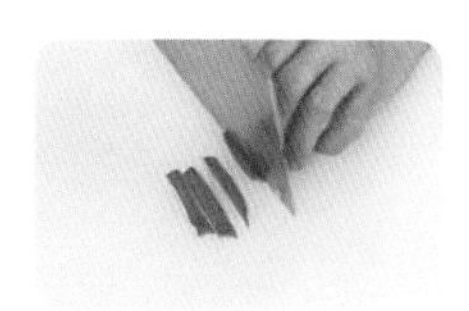

❷将洗净的红椒切丝。

❸将鳝鱼肉切段，再改切成丝。

❹鳝鱼丝加料酒、盐、味精，撒入淀粉拌匀。

❺沸水锅中倒入油、盐，放入蒜薹煮 1 分钟至熟。

❻用漏勺捞出备用。

❼再倒入鳝鱼丝汆水至断生。

❽用漏勺捞出。

做法演示

❶热锅倒油，放入蒜末、姜丝、红椒丝。

❷放入鳝鱼丝炒香。

❸淋入料酒。

❹倒入蒜薹，再放蚝油炒匀。

❺加入盐、味精，加水淀粉勾芡。

❻淋入熟油后，盛出即可食用。

食物相宜

降低血糖

鳝鱼

+

青椒

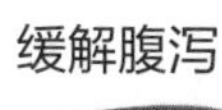

缓解腹泻

鳝鱼

+

苹果

口味鳝片

5 分钟　增强免疫力
咸　一般人群

鲜美细滑的鳝鱼口感美妙无比，加上辣椒、蒜薹的点缀，味道变得更加诱人，而且一点也不腻口，恐怕每个人尝过之后都会被它深深吸引。与北方的粗犷不同，南方的菜品中往往带着一些细腻，即使火爆的口味鳝片也不例外，能给人熨贴的温润，使盘中菜品的气质都变得独特起来。

材料

鳝鱼肉	150 克
蒜薹	60 克
红椒	20 克
干辣椒	3 克
姜片	5 克
蒜末	5 克
葱白	5 克

调料

料酒	5 毫升
盐	3 克
味精	1 克
辣椒酱	适量
水淀粉	适量
食用油	适量

食材处理

❶将洗净的蒜薹切段。

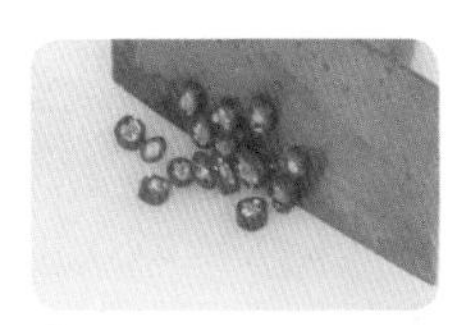

❷将洗净的红椒切成圈。

❸将洗净的鳝鱼肉切成片。

❹将鳝鱼片加入盐、味精、料酒，再倒入水淀粉拌匀，腌渍10分钟。

❺沸水锅中加入食用油，放入少许盐，倒入蒜薹煮约1分钟至熟，用漏勺捞出备用。

❻将鳝鱼片倒入沸水锅中氽煮片刻，用漏勺捞出备用。

做法演示

❶热锅注油，烧至四成热，放入鳝鱼肉滑油片刻，捞出备用。

❷锅留底油，倒入蒜末、姜片、葱白、洗好的干辣椒爆香。

❸加入红椒圈。

❹再放入蒜薹炒匀。

❺倒入鳝鱼肉。

❻淋上料酒。

❼放入盐。

❽撒上味精。

❾放辣椒酱炒入味。

❿加水淀粉勾芡。

⓫淋入熟油拌匀。

⓬盛出即可。

食物相宜

补血益气

鳝鱼

\+

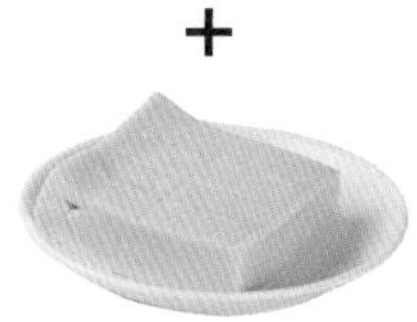

豆腐

补气益血

鳝鱼

\+

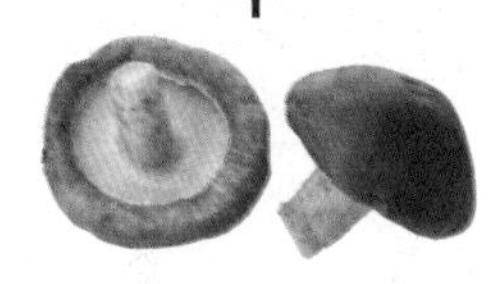

香菇

杭椒鳝片

4 分钟　开胃消食
辣　一般人群

杭椒最初产于杭州，以不辣而闻名，味道微甜而脆嫩，适合搭配肉类炒食，如杭椒牛柳、杭椒回锅肉都是不错的美味。吃惯了辣味鳝片后，换用温柔清爽的杭椒来炒，有一种耳目一新的感觉。杭椒与鳝片搭配，于细腻中更多一份体贴，鳝片鲜美至极，风味独特，让人不自觉想以最快的速度吃起来。

材料	
鳝鱼	150 克
杭椒	50 克
姜片	5 克
蒜末	5 克
葱白	5 克

调料	
料酒	5 毫升
盐	3 克
味精	1 克
白糖	2 克
老抽	3 毫升
水淀粉	适量
淀粉	适量
食用油	适量

食材处理

❶ 将洗净的青杭椒切去蒂去籽，再切成片。

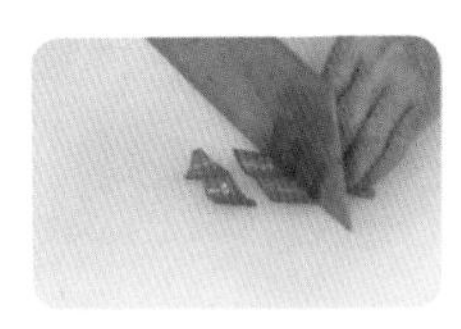

❷ 将洗净的红杭椒切去蒂去籽，切片。

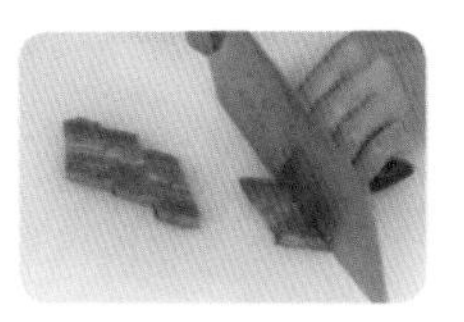

❸ 将洗净的鳝鱼切片。

❹ 鳝鱼片淋上料酒，加入盐、味精、淀粉腌渍。

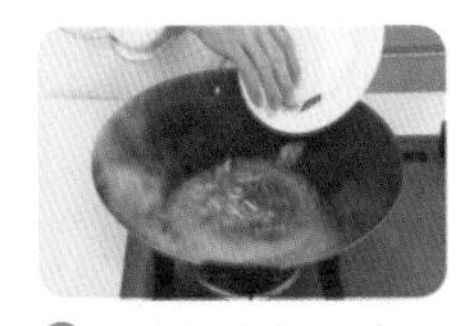

❺ 沸水锅中加入食用油和盐，倒入杭椒片。

❻ 煮约 1 分钟后，用漏勺捞出备用。

❼ 倒入鳝鱼片拌匀。

❽ 汆水片刻捞出。

做法演示

❶ 油锅烧至四成热，入鳝鱼肉，滑油片刻捞出。

❷ 锅底留油，倒入姜片、蒜末、葱白爆香。

❸ 倒入杭椒片炒匀。

❹ 放入鳝鱼肉后立刻淋入料酒。

❺ 加盐、味精、白糖、老抽、水淀粉和熟油。

❻ 炒匀入味，盛入盘中即可。

食物相宜

降低血糖

鳝鱼

＋

青椒

治疗腹泻

鳝鱼

＋

苹果

水煮鳝鱼

15 分钟　增进食欲
辣　一般人群

鳝鱼的吃法很多，很多人都喜欢。水煮是川菜的经典做法，能充分发挥鳝鱼的鲜美，口味浓郁。等端上桌来，沸腾的红油，上面撒着白白的芝麻和绿绿的葱，夹一块鳝片放到嘴里，嫩嫩的，滑滑的，混合着辣椒的香和花椒的麻，让人胃口大开，找不到不吃的理由。

材料		调料	
鳝鱼片	250 克	豆瓣酱	20 克
泡灯笼椒	100 克	盐	3 克
小米椒	100 克	鸡精	1 克
蒜梗	20 克	料酒	3 毫升
蒜片	20 克	花椒粉	适量
姜片	5 克	食用油	适量
葱花	5 克	淀粉	适量

食材处理

❶将洗净的泡灯笼椒剁碎。

❷将洗净的小米椒剁碎。

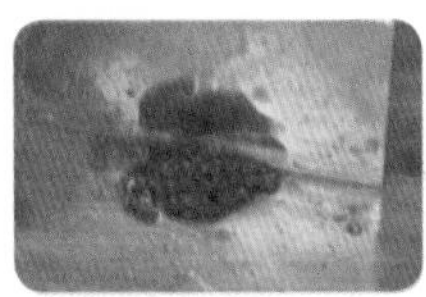
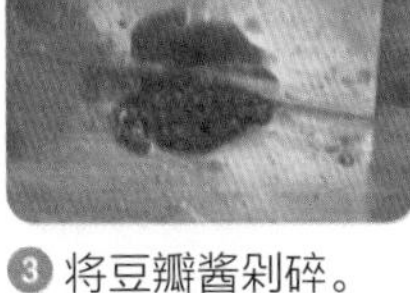

❸将豆瓣酱剁碎。

❹将洗净的鳝鱼片切成小段。

❺鳝鱼段加料酒、盐、鸡精抓匀。

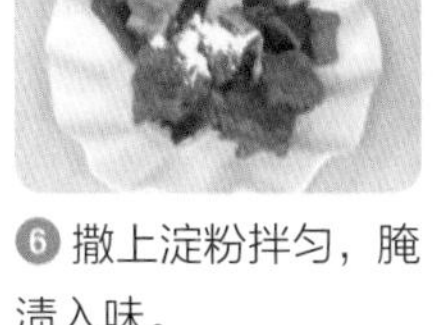

❻撒上淀粉拌匀，腌渍入味。

做法演示

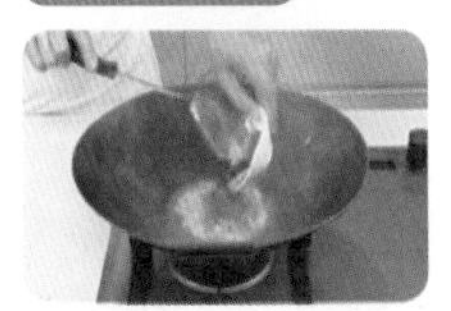

❶热锅注油，入姜、蒜、蒜梗、泡灯笼椒、豆瓣酱略炒。

❷倒入鳝鱼段，加料酒炒匀。

❸倒入适量水煮沸。

❹放入小米椒，炒匀，煮 3 ~ 5 分钟至熟。

❺加鸡精、盐，煮至入味，关火。

❻盛入盘中。

❼再撒入花椒粉和葱花。

❽浇上少许热油即可食用。

食物相宜

促进食欲

鳝鱼 + 西红柿

消暑解渴

鳝鱼

+

冬瓜

干烧鲫鱼

3分钟　开胃消食
鲜　一般人群

吃鲫鱼是最考验人耐心的，它细刺很多，要吃得很小心。干烧鲫鱼算得上是一道重口味的菜，红椒、辣椒油、蚝油三种配料混合，让这道菜口味很有层次感。鲜美的鲫鱼吸收了这混合味的辣椒香，吃起来很过瘾，入口会立即唤醒还没完全苏醒的味蕾。鲫鱼要慢慢吃，当心思都在这鲫鱼上时，想必不少人会想起小时候和妈妈围坐在餐桌边一起吃鲫鱼的时光。

材料

材料	用量
鲫鱼	1条
红椒片	20克
姜丝	5克
葱段	5克

调料

调料	用量
盐	3克
味精	1克
蚝油	3毫升
老抽	3毫升
料酒	5毫升
淀粉	适量
葱油	适量
辣椒油	适量
食用油	适量

食材处理

❶ 鲫鱼宰杀洗净，剖花刀，加料酒、盐、淀粉拌匀。

❷ 热锅注油，烧至六成热，放入鲫鱼。

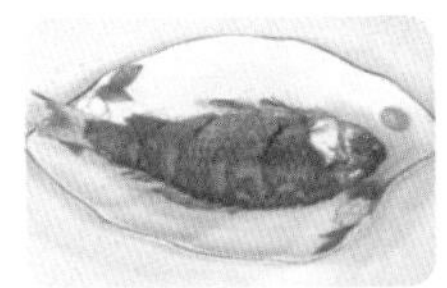

❸ 炸约 2 分钟至鱼身呈金黄色时捞出。

做法演示

❶ 锅留底油，放入姜丝、葱白煸香。

❷ 放入鲫鱼，淋入料酒，倒入清水，焖烧 1 分钟。

❸ 加盐、味精、蚝油、老抽调味。

❹ 倒入红椒片拌匀。

❺ 淋入少许葱油、辣椒油拌匀。

❻ 汁收干后出锅，撒入葱叶即可。

小贴士

✪ 若鲫鱼买回来不马上食用，最好先用少许盐抹匀鱼身，再用保鲜膜包好，然后放入冰箱冷藏。或者将鲫鱼放入油锅中煎熟后，再放入冰箱冷藏，不过味道会大打折扣。

养生常识

★ 鲫鱼不能与麦冬、沙参同用，不能与芥菜同食。感冒患者不宜食用鲫鱼，否则会加重病情。阳虚体质和素有内热者不宜食用，内热偏盛、易生疮疡者忌食。

★ 制作此菜时，最好选择无腥臭味、鳞片完整的鲫鱼，不仅会使口味更好，还会更有利于人体健康。

食物相宜

润肤润燥

鲫鱼

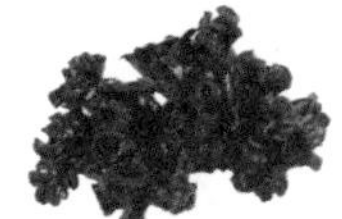

黑木耳

利水消肿

鲫鱼

＋

红豆

附录

川菜常见食材的处理

热油辣椒

原料

干辣椒面100克，白芝麻10克，食用油500毫升，大料2粒，桂皮1小段，草果1个，肉蔻1个。

做法

1. 将干辣椒面和白芝麻倒入一个耐热的容器中，由于辣椒面受热会沸腾，所以容器要足够大。
2. 锅中倒入食用油，冷油时放入大料、桂皮、草果和肉蔻。待油烧至九成热时，关火，捞出炸得变色的大料。
3. 待油稍凉时将其分次倒入辣椒面中，搅匀。
4. 稍凉后即可食用，剩余的红油辣椒可以装瓶待用。

制作诀窍：

1. 辣椒面可以去市场买也可以自制，买的话最好选用颗粒较粗的，自制的话将干辣椒用锅炒香以后捣碎即可。
2. 油中放入大料等香料是为了使辣椒油更香，在辣椒面中放入芝麻也是同样的作用。
3. 烧热的油要稍微晾凉以后再倒入辣椒面中，不然容易把辣椒烫煳。
4. 做辣椒油的辣椒可以选用成都出产的二荆条辣椒，其口味香辣微甜，色泽红艳。
5. 将做好冷却以后的辣椒油过滤就得到了红油。

拆鸡腿骨

做法

1. 用刀在鸡腿侧面剖一刀，露出鸡腿骨。
2. 将鸡腿骨周围的肉剥离开，用刀背在腿骨靠近末端的位置敲一下，将腿骨敲断。
3. 将腿骨周围的肉剥离开，将腿骨取出。
4. 将整个鸡腿肉平摊开，去掉筋膜，肉厚的地方用刀划花刀，再用刀背将肉敲松。

片鱼片

做法

1. 将杀好的鱼洗净，剁去鱼鳍，切下鱼头。
2. 紧贴鱼骨将鱼身的肉片下。
3. 将片下的鱼肉鱼皮朝下，斜片成厚约0.5厘米的鱼片，鱼排剁成长约5厘米的块，鱼头剖成两半。
4. 将鱼片和鱼排、鱼头分别用5毫升料酒、10克淀粉、1/2个蛋清和适量的盐抓匀，腌渍15分钟。这样准备好的鱼片适合制作水煮鱼、酸菜鱼等菜肴。

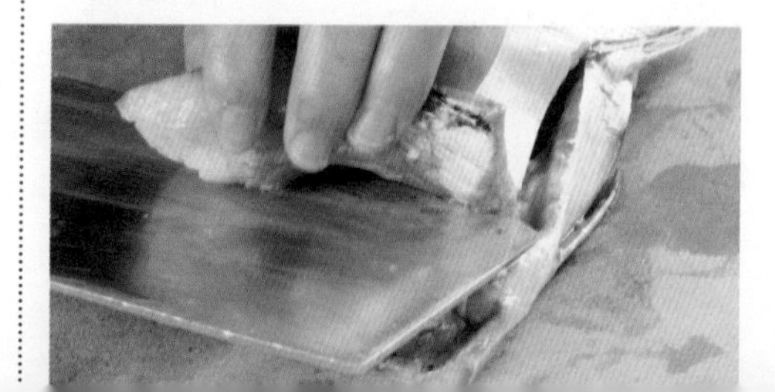

川味火锅的制作方法

川味火锅的特点

1. 历史悠久

四川火锅的出现大约是在清代，其真正的发源地是在长江之滨的小镇泸州小米滩。当时很多船工在小米滩借宿，在那里生火做饭驱寒，炊具仅一瓦罐，罐中盛水，加以各种蔬菜，再添加辣椒、花椒调味，祛湿。船工们吃后，感觉美不可言，这种吃法就这样在长江边各码头传开了。如今，作为一种美食，火锅已成为四川美食的代表之一。

2. 鲜香味美

在火力作用下，火锅中的汤卤处于滚沸状态，食者边烫边食，热与味结合，“一热当之鲜”；加之汤卤调制十分讲究，其含有的多种谷氨酸和核苷酸在汤底中相互作用，产生十分诱人的鲜香味；再加上选用上乘的调料，新鲜的菜品、味碟，真是鲜上加鲜，回味无穷。

3. 口味大众化

在品种和风味上实行了多样化，可以满足不同食客的需求；再加上几十种不同味碟的调配，其适应性更加广泛，适合大众化之口味。

4. 用料更广泛

传统川味火锅以牛肚为主，不仅有牛身上的肝、心、舌、肉片、血旺，还有包菜、蒜苗、葱节、豌豆尖等素菜。如今，川味火锅选料更加广泛，菜品发展到几百种，囊括了食物王国里的各种可食用之物，家禽、水产、海鲜、野味、动物内脏、各类蔬菜和干鲜菌果等俱全。

5. 制作精良

调味品的选用必须是上乘之品，汤底的熬制十分讲究技巧和火候，原料的加工、味碟的配备、菜品的摆放，以及烫食的艺术也都十分有讲究。

6. 意趣横生

火锅之乐，在于意趣，亲朋好友、宾客同伴，围着火锅，边煮边涮，边吃边聊，可丰可俭，其乐无穷，正如清代诗人严辰写的“围炉聚饮欢呼处，百味消融小釜中”。

7. 保健养身

川味火锅由于用料的作用，对身体十分有益。如吃得大汗淋漓，对于治疗感冒有一定的疗效，还有助于祛风除湿。此外，含营养较高的食品，如鱼头、甲鱼等，都对身体有益。当然，加一些药膳熬制成药膳火锅，对保健强身、辅助治疗某些疾病也有一定的作用。

学做川味火锅

1. 制作川味火锅汤底的原料

牛油：

牛油是传统川味火锅汤底中不可缺少的油脂，由牛体内脂肪熔炼而成。它最大的作用是能在受热中产生脂化作用，从而增加汤底的香味。牛油在汤底中浮于表面能保持汤底的温度和浓稠汤卤，使食物煮烫熟后，油润光泽，味道鲜美。牛油气味浓郁，如果川味火锅不用牛油将失去很大风味。当然，在调味时要根据自己的口味适当增减牛油用量。

✪ 选购贴士：

选购牛油时，应以淡黄色或黄色，底部无沉淀渣，气味香者为佳。在制作前最好用生姜、大蒜、洋葱在锅里爆香一下，以增加香味，食用效果更佳。

猪油：

猪油是清汤火锅的重要原料，能在加热过程中产生脂化作用而增加汤底的香味，还能减轻异味，如猪内脏、牛内脏和其他调味品产生的异味。

✪ 选购贴士：

选用猪油时，以猪板油提炼的色白无杂质者为上乘。在熬猪油快起锅的时候，加入生姜、大葱、洋葱、大蒜炸一下，可增加香味。

鸡油：

鸡油是近来用于火锅的高档油脂，其营养丰富，鲜香味浓，主要用于清汤火锅鸡油的加工方法，一是加入姜片用小火熬制，一是加姜片、葱结上笼蒸制。蒸出来的颜色好，但熬出来的香味浓。

✪ 选购贴士：

鸡油一般选用冻品，以色微黄无杂质、水分含量低者为佳。

芝麻油：

芝麻油是用芝麻磨碎榨制而成，主要用于调制各种味料，制成蘸味碟，它虽不直接下锅，但能起到调节口味、增香清热的作用。

✪ 选购贴士：

以色泽金黄、香味浓郁、无杂质者为佳。

菜油：

菜油是由油菜籽榨制而成，在重庆火锅中主要用于炒制调味品，有增色出味的作用。

✪ 选购贴士：

应以味香、颜色金黄者为佳。

郫县豆瓣：

郫县豆瓣是用蚕豆、辣椒、盐酿制而成，为成都郫县的地方特产之一。其色泽红亮滋润、辣味浓厚。郫县豆瓣是红汤火锅中最重要的调味料，用在汤卤中能增加鲜味和香味，使汤汁具有温醇味并浓稠红亮。

✪ 选购贴士：

必须是四川“郫县”生产的豆瓣，其他地方的豆瓣都不具有郫县豆瓣的特点，其中又以“鹃城”豆瓣为最佳。

干辣椒：

干辣椒性辛温，能祛寒健胃，其色泽鲜红，辣味较重。干辣椒品种很多，有大金条、二荆条、五叶椒、朝天椒、七星椒、大红袍和小米椒等。火锅汤底中加入干辣椒，能去腥解腻，压抑异味，增加香辣味和色泽。

✪ 选购贴士：

选购时，以色泽深红、籽少的二荆条、子弹头辣椒为佳。选择辣椒时颜色相当重要，一要保证色泽好，二要根据地方口味，选择辣或不辣的品种。

色拉油：

色拉油是菜油和其他油脂的提纯产物，除去了菜油和其他油脂的颜色，在火锅运用中主要用于火锅底料炒制、调和味料和味碟等。

✪ 选购贴士：

以颜色清淡、无沉淀物或悬浮物，无异味者为佳。

花椒：

花椒味辛性温，麻味浓烈，能温中散寒，具有除湿止痛的作用。花椒品种以陕西椒，四川茂汶椒、清溪椒为上乘。花椒是火锅的重要调味料，用于汤底中可压腥除异，增鲜香。

✪ 选购贴士：

应以颜色红润、颗粒大而香者为好。

生姜：

生姜性辛、微温，含有挥发油姜辣素，具有特殊的辛辣香味。生姜用于红汤、清汤锅底中，能有效地去腥压臊，可提香调味。

✪ 选购贴士：

以块头大、气味浓郁的“黄口”姜为好，其他姜稍差。

大蒜：

大蒜味辛辣、气芳香，含有挥发油，主要用于调味增香，压腥味去异味。

✪ 选购贴士：

以个头大、香味浓郁、干燥无霉烂者为佳。

豆豉：

豆豉，是用大豆、食盐、香料酿制而成，其气味醇香、色泽黄黑、油润光滑、味鲜回甜。豆豉用在汤底中能增加咸鲜醇香的味道。

✪ 选购贴士：

以重庆永川豆豉最佳。

冰糖：

冰糖为结晶体，味甘性平，可益气润燥、清热。在熬制火锅汤底时，加入冰糖能使汤汁醇厚回甜，具有缓解辣味刺激的作用。

✪ 选购贴士：

块状和小颗粒都可以，但是必须保证色泽透明无杂质。

醪糟：

醪糟是用糯米酿制而成，米粒柔软不烂，酒汁香醇，甘甜可口，稠而不混，酽而不黏。调制火锅汤底时加入醪糟，能增鲜压腥去异味，使汤底产生回甜味。

✪ 选购贴士：

以味纯回甜、颜色好、酒香味浓郁者为佳。

鸡精：

鸡精是近几年使用较广的强力助鲜品，用鸡肉、鸡蛋及麸酸钠精制而成，鸡精的鲜味来自动植物蛋白质分解出的氨基酸。鸡精能够为火锅增鲜提味。

✪ 选购贴士：

以少含“麦芽糊精”“淀粉”，且鲜香味浓郁者为佳。

料酒：

料酒是以糯米为主要原料酿制而成的，具有柔和的酒味和特殊香气。料酒在火锅汤底中的主要作用是增香，提色，去腥，除异味。

✪ 选购贴士：

以色泽好、无杂质、酒香回甜佳为好。

盐：

盐的主要成分是氯化钠，是一种结晶小颗粒，带咸味，能解毒凉血，润燥止痒。盐在火锅中起定味、调味、提鲜、解腻去腥的作用。

✪ 选购贴士：

一般没有规定。

胡椒：

胡椒味辛性温，带浓烈的芳香气味，可用在清汤火锅中，用于去腥压臊，增香提味。

✪ 选购贴士：

应以辛辣味浓郁、无杂质、味纯者为佳。

味精：

味精是从大豆、小麦、海带及其他含蛋白质物质中提取出的，味道鲜美，在火锅中起提鲜、助香、增味作用。

✪ 选购贴士：

以晶体味精为好，可避免粘锅。

锅底的质量，直接关系到火锅的口味，因此所选调料一定要保证质量，不符合要求的调味料不能调制汤底。

2. 制作方法

川味火锅的品种较多，汤底也各有差别，但最基本的是红汤、白汤两种。只要掌握了这两种汤底的配方、调制方法及注意事项，就可以调制出上等汤底。

红汤的做法

红汤是传统川味火锅的基础汤底，以厚味重油著称，用途极其广泛。红汤配方和调制方法很多，各有特色，以下是 3 种比较常见的配方和调制方法。

配方一：

清汤 1500 毫升，牛油 250 克，豆瓣酱 150 克，冰糖、盐各 15 克，辣椒、姜末各 50 克，花椒 10 克，料酒 30 毫升，醪糟、豆豉各 100 克。

配方二：

鸡汤 2000 毫升，牛油 250 克，豆瓣酱、大蒜各 200 克，芝麻油 200 毫升，豆豉、冰糖各 50 克，生姜、醪糟各 100 克，料酒、菜油各 100 毫升，干辣椒、花椒各 25 克，盐 10 克。

配方三：

牛肉汤 1500 毫升，牛油 200 克，豆瓣酱 125 克，豆豉 45 克，冰糖 25 克，干辣椒 25 克，姜末 50 克，盐 10 克，料酒 25 毫升，醪糟 150 克。

调制方法：

将炒锅放到旺火上，注入油（牛油或菜油均可）烧热，放入豆瓣酱、姜片、豆豉，煸出香味且油呈红色时，加入牛肉汤（或鸡汤），烧沸后放入料酒、醪糟、辣椒、花椒、盐、冰糖等熬制，待汤汁浓厚、香气四溢、味道麻辣而回甜时即可。

一般家庭可采用以下简易配方：高汤1500 毫升，牛油 250 克，豆瓣酱 125 克，白糖 30 克，生姜 50 克，花椒 10 克，盐 15 克，黄酒 50 毫升。此配方简便实用，虽香味稍淡，但基本风味仍较浓。

白汤的做法

配方：猪棒骨 100 克，猪蹄 50 克，猪肚、老鸭、老母鸡各适量，姜块、葱段各 5 克，绍酒 6 毫升。

调制方法：将老母鸡、老鸭洗净，切成大块，其余原料分别洗净备用。汤锅里加适量清水，放入姜块、葱段、绍酒，再放入鸡块、鸭块、猪棒骨、猪肚、猪蹄，烧开后续煮至汤汁呈乳白色即可。

3. 川味火锅的吃法

都知道四川火锅是一味美食，但如果掌握了吃的技巧，则是美上加美了。一般来说，川味火锅的常见吃法有以下几种：

涮：

即用筷子夹住食物，放入锅中烫熟。其要诀是：首先要区别食材，不是所有食材都适合涮食的。一般来说，质地嫩脆、顷刻即熟的食材适用于涮食，如鸭肠、腰片、肝片、豌豆苗、菠菜等；而质地稍密一些食材，要多烫一会儿，如毛肚、菌菇、牛肉片等；其次要观察汤底变化，当汤底滚沸、不断翻滚，并且汤卤上油脂充足时，烫食味美又可保温；再次，要控制火候，火候过了，食物则变老，火候不到，则是生的；最后，烫时必须夹稳食物，否则掉入锅中，易煮老、煮化。

煮：

即把食物投入汤中煮熟。其要诀是：首先要选择可煮的食物，如带鱼、肉丸、香菇等，质地较紧密，必须经过长时间加热才能食用的食物；其次，要掌握火候，有的煮久了要煮散、煮化。

此外，吃川味火锅还应该注意：首先应是先荤后素，烫食时汤汁一定要煮开，食材要全部浸入汤汁中烫食；其次是调节麻辣味，方法是：喜麻辣者，可从火锅边上油处烫食；反之则从中间沸腾处烫食；最后就是吃火锅时，必须配一杯茶，最好是绿茶，以开胃消食，解油去腻，转换口味，减轻麻辣之感。

四川的卤味

从起源上看，四川的卤味大约形成于秦代。当时，四川的井盐开采后，四川人用花椒和井盐制成了卤，这就是卤味的起源。此后，随着烹饪技术的发展，川卤的做法越来越丰富，口味也变得多种多样。

总体上来看，川卤一般分红卤、白卤。这两种卤所属味型基本相同，味鲜咸，具有浓郁的五香味。两者之间的区别在于，红卤因加糖色而呈金黄色，白卤不加糖色而呈无色或本色。无论白卤还是红卤，在做法上都属于煮的范畴，但卤比煮的时间稍长。卤味是川菜烹制方法的一种，在冷菜中运用最为广泛。

川味卤汁的制作

1. 原料

制作 12.5 升的卤水需要的原料如下：

调味料：川盐 300 克，冰糖 250 克，老姜 500 克，大葱 300 克，料酒 100 毫升，鸡精、味精各适量。

香料：山柰 30 克，八角 20 克，丁香 10 克，白豆蔻 50 克，茴香 20 克，香叶 100 克，白芷 50 克，草果 50 克，香草 60 克，陈皮 30 克，桂皮 80 克，荜拔 50 克，千里香 30 克，香茅草 40 克，排草 50 克，干辣椒 50 克。

汤原料：鸡骨架 3500 克，猪腿骨 1500 克。

2. 制作过程

1. 将鸡骨架、猪腿骨用冷水氽煮至开，除去血沫，用清水冲洗干净，重新加水，放生姜（拍破），大葱（留根用全长），烧开后，用小火慢慢熬成卤汤待用。
2. 糖色的炒法：用植物油炒制。先将冰糖碾成粉，锅中放少许油，下冰糖粉，中火慢炒，待糖色变黄时，改用小火，糖呈黄色起大泡时，端离火口继续炒，一定要快，否则易变苦，再放到火上，将糖炒至深褐色，由大泡变小泡时，加冷水少许，再用小火炒至没有煳味时即可。注意：糖色要求不甜、不苦，色泽金黄。
3. 将香料拍破或改刀，用纱布袋包好。先放入开水中煮 5 分钟，捞出来放到熬好的卤汤中，加适量盐和糖色、辣椒，用中小火煮出香味，制成红卤初胚（白卤不放辣椒和糖色，其香料和做法都相同）。

3. 制作卤水的注意事项

1. 掌握好香料的用量：新卤水 12.5 升，用 600 ~ 700 克香料为宜（6 升水用 300 克，3 升水用 150 克左右）。
2. 包好香料：香料应用干净的纱布包扎好，不宜扎得太紧，应略有松动，香料袋包扎好后，应该先用开水浸泡半个小时，再放入卤水中，这样可去除沙砾，并减少药味。
3. 注意糖色用量：制作红卤时，糖色应该分次加入，避免汤汁伤色。应以卤制的食品呈金黄色为宜。
4. 注意火候：炒糖色时，必须用小火慢炒，且糖色应稍浅一些，否则炒出的糖色有苦味；用鸡骨架和猪腿骨熬制原汤时，应使用小火，避免大火冲酽汤汁。
5. 适时更换香料袋：由于卤水经过一定原料的卤制后，会使卤水中的香味逐渐减轻，所以当香料味道已经不浓郁时，要及时更换香料袋，以保持其始终浓郁的香味。
6. 过程中要不断试味：卤水中的香料经过水溶后，会产生各自的香味，但香味却有易挥发和不易挥发的差异，为了使香味溢出，就要不断地品尝卤水的香味，待认为已经符合卤制原料的香味后，方可进行卤制。在试味过程中，应随时做好香料投放量的记录，以便及时增减各种香料。

❼ 离不开咸味：在川菜中，“盐为百味之本”，这就是说各种川菜都必须有一定的底味，卤制原料时也是一样。因为卤水中的香料只能产生五香味的口感，却不能使原料产生咸味，因此，在每天投放原料时都必须尝试卤水的咸味，看其咸味是否合适，差多少咸味加多少盐，只有在盐味适宜后才能进行卤制。在具体操作上，卤完一定的原料就应该加一定的盐以及时补充盐量，使卤水始终保持一定的咸味。

❽ 注意补加汤汁：在卤制过程中，因卤水沸腾而产生蒸汽，会使卤水逐渐减少，这就需要及时加水以补充汤汁。加水的方法有两种：一是事先准备一定量的原汁卤水，边卤制边加入，这样卤制的原料能够保持五香味醇厚；二是事先熬制好鲜汤，在卤制前加入原卤汁中，稍熬后再卤制原料，由于鲜汤中含有大量蛋白质，可使入卤原料鲜味浓郁。切忌在卤制原料时加入冷水，这样会减弱香味、鲜味和咸味。

❾ 卤汁中忌加酱油：红卤中的金黄色是靠糖色来制造的，不能以酱油来代替，加糖色卤制的原料色泽金黄，而加入酱油的卤水，时间稍长，经氧化后便会使色泽发黑发暗，时间越长，颜色就越黑越深。

❿ 加鸡精和味精：卤汁中应该加入一定量的鸡精和味精，以增加其鲜味。

4. 卤汁的保存

❶ 卤汁经过一段时间的使用后，会留下少数原料的残渣，这时一定要进行过滤，这样才能保证卤汁的质量。

❷ 卤汁经反复使用后会变得比较浓稠，虽经过滤，但还需深入“清扫”，即用干净的动物血液与清水混合后，徐徐加入到烧沸的卤汁中，利用蛋白质的吸附和凝固作用，吸去卤汁中的杂质，使卤汁变得清澈。当然，也可以用瘦肉蓉对卤汁进行“清扫”。但需注意，每锅卤汁清扫的次数不能过多，以免卤汁失去鲜香味。

❸ 卤汁中的浮油要经常打掉，最好使卤汁表面只保留薄薄的一层“油面子”。否则，油脂过多，容易造成氧化导致卤汁变质。

❹ 卤汁在不使用时，应烧沸后放入搪瓷桶内，令其自然冷却，且不要随意晃动。另外，桶底还应垫上砖块，以保持底部通风。若是夏天，卤汁必须每天烧沸，如果有条件，还可放入冷库中存放。卤汁在长期不用时，也应时常从冷库中取出烧沸，冷却后再放回去。

四川卤菜的制作

1. 初加工

❶ 调味原料初加工

香料按比例配比好并提前粉碎，有利于香料的香味析出。

❷ 卤品原料加工

清洗处理：把动物原料在宰杀处理后，必须将余毛污物清除干净。肠、肚应用盐、淀粉抓洗净。舌、肚还应用沸水略烫，再用刀刮去白膜。

初步刀工处理：把肉改刀成 250 ~ 1000 克左右的大块；肠改刀成 45 ~ 60 厘米的长段；肝改刀成 500 ~ 600 克的大块；牛肚改刀成 1000 克左右的大块；其他内脏则不改刀。家禽及豆腐干等不需再改刀。

根据具体情况进行加工，如洗涤、浸泡、分档、刀工处理，猪蹄去残毛。

2. 浸漂

形整体大的原料，如鸡、鸭、猪蹄等卤品原料应入清水中浸漂，使其去掉血污和腥膻味，确保卤品色泽风味，浸漂时间夏天为 1 ~ 2 小时，冬天为 3 ~ 5 小时。血腥味重的原料应多换几次水。腥膻味重的原料应与鲜味足的原料分开浸漂，如鸡、鸭不宜与牛、羊肉一同浸漂，以免串味。

3. 码味

形整体大的原料，如鸡、鸭、羊、牛、兔肉等卤品原料，浸漂过后还应码味。码味的时长是夏天3 ~ 5小时，冬天 8 ~ 12 小时。通过码味可使原料在盐渗透后，使卤品既有基本味，又能通过香料的作用去掉腥臊味，增加鲜香味。

4. 汆水

原料中的恶味、血污会混入卤汁中，使卤汁味劣，呈粥样化，并极易发酵起泡而变质，不易保存。因此，肥肠的腥膻味、兔肉的土腥味、牛肉的血腥味，都需要初加工后再浸漂、码味，并入锅中汆水。

汆水的方法为：腥膻味重的原料，如牛羊肉、肥肠、猪肚等，应与冷水同时下锅，置旺火上，上下翻动，使其均匀受热，烧沸，待一定程度时捞出，清水冲洗，沥净水。如果这些原料在水沸后下锅，因其表面骤然遇到高温而收缩，其内部的血污和异味就难以排出。鸡、鸭等腥膻味小、血污少的原料也要入沸水锅中上下翻动，待紧皮后捞出，以清水冲净，再沥净水。如果原料未经焯水处理而直接放入卤锅中制出来的菜肴，表面会附有血沫，外观不美，味道很差。

5. 卤制

将要准备好的原料放入卤汁内，以大火烧开，撇尽泡沫，转用小火卤熟（注意不能卤得太烂，否则不好改切），关火后，在卤汁里浸泡 6 ~ 8 小时（不能久泡，否则会使肉质发软），捞出晾凉，最后抹上香油即可。

常见川味卤菜

卤肉

丁香猪头肉

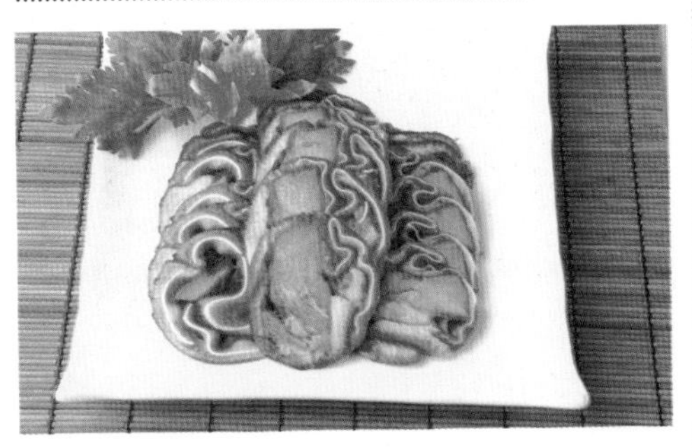

盐卤猪耳

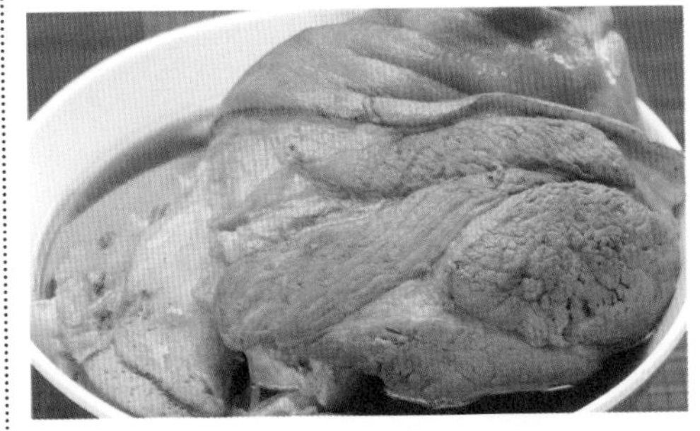

卤香肘子

香卤牛心

夫妻肺片

卤香鸡肫

卤香干

四川的泡菜

泡菜，在古代被称为“菹”，是指为了便于长时间存放而经过发酵的蔬菜。其中，四川泡菜历史最为悠久，四川人几乎家家会做、人人爱吃，甚至年节时筵席上也少不了上几碟泡菜。

按照泡制时间长短不同，四川泡菜可以分为滚水菜和深水菜。滚水菜又叫“洗澡菜”“跳水菜”，即可以随泡随吃的泡菜；深水菜即泡制的时间较长的泡菜，比如姜、蒜、辣椒、心里美等。此外，按照用途不同，四川泡菜还可分为调料菜和下饭菜。调料菜就是可用做烹调菜肴的调料，比如泡椒、泡姜、泡蒜等；下饭菜即直接可上桌作为菜肴的，比如泡萝卜、泡芹菜等。

四川泡菜的制作

调料

盐、水、花椒、辣椒、生姜、白酒、蒜头。

制作食材

瓜类蔬菜，可选质地坚硬的根、茎、叶、果；荤菜则通常是猪耳、鸡爪及猪杂等。

做法

1. 将清水烧开，加盐（每 1 升水 50 ~ 60 克盐），待盐完全溶解后，放入适量配料，倒入晾干的泡菜坛中，以淹到坛子的 3/5 为宜。
2. 将蔬菜洗净，沥干水后切成小块，根茎类的最好切成小长条备用。荤菜如猪耳、鸡爪、猪杂等，则不仅事先要处理干净，还应提前煮熟，晾凉，切小块，备用。
3. 待泡菜坛中的调料水凉透，将切好的蔬菜或煮好的荤菜放入坛子中，浸泡几小时到十几天不等即可。

吃法：

莴笋、萝卜之类的蔬菜只需要泡 8~12 小时，这样泡出来的蔬菜脆生生的，带着适量的咸味，很是爽口。如果喜欢吃辣的，可以浇上点辣椒油，拌上少许味精，即成为难得的美味。

家庭制作四川泡菜要点

1. 容器

四川泡菜有专用泡菜坛子，因为最好要避光，以陶土坛子为好。但因为玻璃坛子的能见度好，心里更踏实些，所以也有很多人选用玻璃坛子。此类坛子口小肚大，坛口有水槽，采用水封的原理，因为是发酵物，当坛内压强大于坛外时，能自动排除气体，有利于乳酸菌的发酵。而且水封的密封度更好，使泡菜能长期保存。

2. 泡菜水的制作

泡菜水最忌讳的是生水和油，所以要泡制的蔬菜必须彻底晾干，使用的水则最好是凉开水或者纯净水。使用泡菜专用盐最好，咸度以加入水中化开后稍咸为宜；白酒必不可少，既能提味防腐，还能使蔬菜更加脆嫩；花椒之类的香料要少；一开始制作的泡菜水风味会差些，可适当添加野山椒来提味；随着时间延长，多用几次泡菜水，泡菜水就会达到理想的味道了。

3. 蔬菜及储存

泡菜可选择的蔬菜很广泛，一般质地坚硬的根茎叶果都可以做泡菜，如各类萝卜、豆角、卷心菜、嫩姜，以及辣椒等。蔬菜一定要彻底晾干，因为有些蔬菜含水量大，如白萝卜，所以蔬菜切好后最好晾半天再投入泡菜坛中，要全部浸在泡菜水中。而食用时，要提前准备够长的筷子，每次从泡菜坛子中夹菜时，也要保证筷子无水无油，这样才能保证坛中泡菜的质量。

4. 特殊状况及处理

若泡菜水“生花”，就是泡菜水上长出白色霉点。遇到“生花”时，应该用干净的器具将霉点捞出，加入适量泡菜盐和白酒，将泡菜坛子移至阴凉通风的地方，每天敞开盖子 10 分钟，2 ~ 3 天以后可以改善。如果泡菜烂软发臭，那是已经变质，不能食用，必须倒掉了。如果泡菜的味道太酸，可以加点盐；如果太咸，可以加点糖；如果不脆，可以加点白酒。泡辣椒一定不要和姜泡在一起，不然辣椒会变软，变成空心的。做泡菜一定要选择泡菜盐（就是不含碘的盐），这样利于发酵，实在买不到泡菜盐的话，可以使用大粒的粗盐代替。

5. 亚硝酸盐问题

四川泡菜对于每种食材的泡制时间是很有讲究的，一般像包菜、黄瓜、西瓜皮、白菜、茄子等水分含量大的蔬菜适合做“洗澡泡菜”，最多不超过 1 天就要吃掉；而作料泡菜需泡 1 个月以上才吃。亚硝酸盐是从泡菜进坛子的第 3 天起才会大量增加，泡 1 周时含量最高，从这以后就开始下降，到第 20 天以后基本上就消失了。所以只要分清食用方法和食用时间，就不必担心四川泡菜中的亚硝酸盐问题。

四川泡菜的优点

1、较多保留了有益成分，营养更加丰富

四川泡菜是以新鲜蔬菜为原料，经泡渍发酵而成的，是对蔬菜进行的“冷加工”，因此能较多地保留蔬菜的有益成分，营养更加丰富。

2、为低热量食品，对身体有多种好处

四川泡菜含有丰富的活性乳酸菌，可调节肠道微生物平衡，促进营养物质的吸收。还具有改善肠道功能、降低血液胆固醇水平和血脂等很多好处。

3、鲜香爽口，是营养的休闲食品

四川泡菜发酵泡渍时，要添加辣椒、大蒜、生姜等香辛料，在加工生产调配时，也要添加这些辅料的粉末或酱状物，使其在色、香等方面更协调、更鲜美，做到了方便、快捷、休闲，可开袋或开瓶即食。